Claus-Peter Lieckfeld
DIE WIEDERKOMMER

Claus-Peter Lieckfeld

DIE WIEDERKOMMER

Erzählungen und eine Bestandsaufnahme

Mit Zeichnungen von Lena Winkel

KJM Buchverlag

KJM Natur & Kultur

August 2020

Simrockstr. 9a, 22587 Hamburg
www.kjm-buchverlag.de
ISBN 978-3-96194-114-8

Satz, Gestaltung: Svenja Wiese, Hamburg
Cover und Umschlaggestaltung: Rothfos & Gabler, Hamburg
Cover unter Verwendung unter Verwendung eines Bildes
von Lena Winkel, Hamburg
Lektorat: Katrin Köhler, Hamburg
Korrektorat: Andrea Wolf, Hamburg
Herstellung: Eberhard Delius, Berlin
Druck & Bindung: Beltz Grafische Betriebe, Bad Langensalza

Inhalt

Vorwort

Luchs, Wolf, Bär, Biber, Rabe – und ein paar andere wie Marderhund, Goldschakal, Waschbär und dazu noch etliche, die ebenso in die Kategorie der Wiederkommer und Neuankommer passen, wie Bartgeier und Waldrapp – alle zusammen sind Akteure in einem Kosmos voller Schönheit und Vielfalt. Wir klatschen Beifall und fragen, kaum dass wir die Hände wieder ruhig halten: Wer ist genehm oder gar willkommen, wer ist zu dulden, wer nicht?

Der Wolf kann bleiben, wenn er Schafe verschont. Der Luchs kann bleiben, wenn er des Jägers Rehe nicht beunruhigt. Der Biber kann bleiben, wenn er keinen Wasserschaden anrichtet. Der Bär, wenn er keine Bienenkästen flachklopft. Der Rabe kann bleiben, sofern er sich von Singvogelnestern fernhält. Und so weiter.

Ich stelle mir vor, man könnte den Wieder- und Neuankommern die Bedingungen vorlesen, und sie würden sie verstehen. Der Rabe, als der Klügste von allen, würde nach kurzer Beratung mit Wolf, Luchs, Biber und Bär sagen: »Also gut, akzeptiert. Unter einer Bedingung: Ihr hört auf, die Biosphäre zu zerrütten und die Erde zu vergiften.«

Dann gäbe es vermutlich ein beredtes Schweigen. Und der Rabe würde sich mit einem kurzen, zweisilbigen »Klongklong« aufschwingen und davonstreichen.

Bei Julius Caesar, dem Altmeister der Selbstbeschönigung und Kriegsberichterstattung in eigener Sache, heißt Corona:

Belagerungsring. Das passt gerade. In Corona-Zeiten, den panischen und pandemischen, lagen Belagerungsringe um jede Wohnung, jedes Haus, jede Stadt. Wer allein lebt, war noch alleiniger als sonst. Wer in sich ging – denn wohin hätte man sonst auch gehen sollen –, musste unter Umständen feststellen, dass er ungelegen kam.

Ich hatte Glück. Ich habe beim Weg nach innerwärts einen Jemand getroffen, der ich vor vielen Jahrzehnten einmal war, einen, der sich spielend leicht in Tiere hineinträumen konnte. Wachträumerei.

Nach Corona werde alles anders, hört man zitternde Stimmen sagen. Besser womöglich. In dieser hoffnungsfrohen Erwartung steckt unausgesprochen ein »für«: besser für uns. Aber auch für Nichtmenschen, für die Tiere?

Doch auch das ist richtig: Schon lange vor Corona begann hier und da ein Rückfluss. Nichts, was dem gigantischen Abfluss, dem Artensterben, gegengewichtig wäre. Aber immerhin, wir wollen es bemerken, dieses Kehrwasser, diese Gegenströmung vor dem Wasserfall. Und diesen Wind, von dem wir hoffen, er sei ein *wind of change*.

RABE

Ein früher Wind, so als seufzte die Nacht im Davongehen, fasste in ihr Gefieder. Mit dem ersten Licht kamen die Raben. Sicher, es war beschwerlich, sich aufzuschwingen, wenn auf dem Gefieder noch lag, was die kalte Aprilnacht ausgeatmet hatte. Und es kostete Überwindung, hinabzutauchen, dorthin, wo sich Bäume und Schatten verfilzten. Aber die beiden vom Ahrberg hatten gelernt, zu tun, was das Gefühl verbieten will.

Die schlichten Vögel dagegen waren nie frei für ein Wagnis. Sie stoben davon, wenn irgendetwas in ihnen Alarm schrie, jeder lumpige Eichelhäher machte sie kirre, sie flatterten auf, wenn alles aufflatterte. Krähen eben.

Die zwei vom Ahrberg aber waren ein Rabenpaar.

Ihr Wagnis des Morgenfluges wurde belohnt, sooft sie es unternahmen. In der halben Stunde, in der keiner sagen kann, ob es noch Nacht oder schon Tag ist, in der die Eulen das eine und die Singvögel das andere behaupten, in dieser kurzen Zwischenzeit, die keinem Vogel ganz gehört, lag viel Fleisch herum. Manchmal sahen die zwei vom Ahrberg es schon, wenn sie über die Buchenkuppe hinwegtauchten, von wo an sich die lange graue Gerade abwärtsneigt – Richtung Horster Dreieck und Hamburg.

Die Zerschmetterten lagen meist auf der waldabgewandten Seite; denn der Autozustrom auf Hamburg war in der Vor-Tau-und-Tag-Stunde stärker als der Abstrom.

Die beiden verständigten sich meist mit einem kurzen Klong, wenn der eine etwas eräugt hatte. Der andere stellte dann die großen Handschwingen etwas steiler an, sodass es ihn eine Rabenspannbreite emporhob. Das hieß: Richtig, ich sehe es auch – Klong-klong.

Wenn erst das Frühlicht die Buchenstämme hart zeichnete, waren sie alle da, die Abräumer. Vor allem die Elstern, die ganze lärmige bucklige Verwandtschaft. Sicher, sie ließen sich verscheuchen, man musste nur den Schnabel wie zur Ausholbewegung in den Nacken legen. Aber es war lästig.

Die Kaninchen, die Hasen und Wiesel waren meist schon zerfleddert. Die Augen hatten sich die nichtsnutzigen Rabenkrähen herausgepickt, die Därme hingen im Gras, auf dem ein beißender Geschmack lag.

Das Risiko des Halbblindfluges vor Sonnenaufgang zahlte sich aus. Und außerdem war das graue Band noch leidlich still. Kam aber die Stunde, in der die Rasenden ihre Feueraugen schlossen – Autos, für Raben Schnelltiere, die zerschmetterte Beute achtlos liegen ließen –, dann wurde es ungemütlich und hektisch.

Es war zwar seit Rabengedenken nie geschehen, dass ein Rasender ihnen einen Kadaver streitig gemacht hatte. Aber sie taten Dinge, die seltsam waren. Wenn der Tag begann, kamen sie zuhauf, jagten sich, ohne sich zu töten. Und einmal, nur ein einziges Mal, hatte sich ein Rasender ins Holz gestürzt, Feuer gespien und dabei gebrüllt wie der Donner im August.

Es war sicher ein Vorteil, ihnen nie allzu nahezukommen. Sie waren nützlich, sie ernährten die zwei vom Ahrberg nun schon einige Jahre zuverlässig. Aber sie waren nicht gut, diese Schnelltiere, die fast so schnell liefen, wie ein Falke fliegt.

Es gab noch andere Schnellflieger. Diese waren auf eine impertinente Art schneller als man selbst. Gaukler, die mit hassendem Flügelpfeifen auf einen herabschossen, um im allerletzten Sekundenbruchteil auf Federbreite und mit Hohnschrei auszuweichen.

Die zwei vom Ahrberg hatten sich an dieses Hassen gewöhnt. Scheinangriffe sind Scheinangriffe. Nicht mehr. Kein Roter Milan, kein Bussard und erst recht kein kleinwüchsiger Rüttelfalke würde es wagen, seine Krallen tatsächlich in ihr Gefieder zu schlagen. Die schiere Größe der Schwarzen, die sich rundende Kraft ihrer Flügelschläge, waren für jeden Greif Abstandssignal genug. Im Übrigen konnte man sich als Rabe auf ihre Reaktionsgeschwindigkeit verlassen. Ein echter Angriff war so gut wie ausgeschlossen.

Aber lästig waren sie. Unendlich lästig.

Die Ahrbergwiese, die von dem Rabenpaar mehrmals täglich überflogen wurde, betrachtete ein Rotmilan-Terzel als sein Territorium, lag doch sein Horst in unmittelbarer Nähe. Kaum sah der gabelschwänzige Segelkünstler die zwei großen Silhouetten, schraubte er sich mit aberwitzigem Energieverbrauch in die Höhe, legte die rostbraunen Schwingen an den Leib und warf sich wie sein eigenes Angriffsgeschoss den zweien entgegen, fing den Sturz ab, nutzte den Fallschwung zum erneuten Aufstieg und abermaligem Scheinangriff. Drei-, viermal.

Es war Teil einer stummen Verabredung, dass die zwei nicht reagierten, sondern gleichmäßig rudernd dem Wiesenrand zustrebten. Die Prozedur war ja bekannt. Spätestens wenn sie die Wiese gequert und die Buchenwipfel erreicht hatten, würde der Rote abziehen und mit minimalistischem Flügelschlag Richtung Horst verschwinden. Er hatte die Raben vertrieben, eine andere Sicht der Dinge gab es für ihn nicht.

An einem Morgen, an dem für die zwei vom Ahrberg die Strecke der Erschlagenen unerfreulich dünn war, an dem noch dazu ein Rasender ihnen bedrohlich nahe gekommen war, reagierte der männliche Rabe ein einziges Mal anders: nicht gleichmütig wie sonst immer.

Vielleicht hatte der Resthunger, mit dem er vom grauen Fleischförderband abgeflogen war, eine Unsicherheit hervorgerufen, vielleicht war es auch nur ein Zufall. Jedenfalls wich der Rabe dem roten Federblitz mit zwei kräftigen Seitwärtswischern seiner Schaufelflügel aus, noch ehe der Milan seine größte Annäherung an die zwei erreicht hatte. Dadurch geriet das Rabenmännchen in den Luftraum, den der Milan für seine Fast-Tangente anvisiert hatte.

Es gab einen Schlag, zwei rote Federn und eine schwarze wirbelten auf, der Rabe brauchte vier schnelle Flügelschläge, um Stabilität zurückzugewinnen.

Die Rabin war mit kehligem Schrei auf Abstand gegangen,

sah, wie ein rotes Etwas zu Boden trudelte, sich kurz vor dem Aufschlag fing und mit gespreizten Flügeln im Gras hocken blieb. Ein zitterndes, rostrotes Kreuz.

Der Rabe ließ ein nachdrücklich gekrächztes Missbehagen hören. Die Rabin gab ihm recht. Aber das war's dann auch.

Ein trocken-warmer Juni war ins Land gegangen. Die Tage der tragenden Luft hatten begonnen, leichte Tage für die Raben und alle großen Vögel, die sich vom Aufwind liften lassen. Hochsommer. Das Geschrei der Nestlinge lag hinter ihnen.

An Tagen wie diesen quoll der hebende Wind bis vor Sonnenuntergang. Es reichte ein knappes Anwinkeln des Handgefieders, und die Fallgeschwindigkeit schien sich umzukehren, man fiel aufwärts, und wenn man dann zusätzlich die Schwingen voll in den Strom stellte, ging ein Brausen durch das Gefieder, und schon eine Wende des Schnabels reichte für eine Richtungsänderung. So zu fliegen zehrte keine Kraft, es verstärkte sie.

An den Wiesenrändern, insbesondere dort, wo sie an dunkle Fichtenforste grenzten, kam es leicht zu Turbulenzen, die sich für erfahrene Flieger nur in leichtem Zittern der Flügeldecken bemerkbar machten.

Die zwei vom Ahrberg flogen in den Tagen der tragenden Luft bevorzugt die Wiesenränder ab. Es musste geschehen, es war jedes Jahr mehrfach geschehen, und es würde sich auch dieses Jahr ankündigen.

Ein Bussard drehte seine Spirale in ihre Zugrichtung, er wusste aus Erfahrung, dass Raben bisweilen Dinge finden, die selbst seine überlegenen Augen nicht sahen.

Endlich, am vierten Tag, das erlösende Signal. Ein scharfer Knall, weit schärfer noch, als wenn eine Fichte unter Schneelast splittert. Die zwei verhofften in der Luft, zwei schwarze Zeiger drehten sich synchron gegen den Wind. Im halben Sturzflug ging es hinab, die Handschwingen berührten fast die Wipfel der Buchen, eine Wiese, eine Schonung und wieder eine Wiese. Ihre Schatten flackerten über das Gras, vereinten sich zu einem, trennten sich wieder. Schließlich sahen die zwei, was sie erwartet hatten, erwartet, seit die Tage der Luft aufgezogen waren.

In einem halb abgestorbenen Feldahorn bezogen sie Beobachtungsposten. Das Lange Tier stakste so steif, wie nur die Langen Tiere sich bewegen über eine Freifläche. Seine Beute, das wussten die zwei vom Ahrberg, würde nun nicht mehr entkommen. Und sie wussten auch, dass das Lange Tier nie alles mit sich fortschleifen würde.

Sie blieben hocken, nur die schnellen Umgriffbewegungen ihrer Krallen auf den dürren Ahornzweigen verrieten ihre Erregung.

Das Lange Tier riss den Rehbock bäuchlings auf, fuhr mit beiden Pranken in den Leib und zerrte Gedärm hervor. Aber anstatt zu schlingen wie ein Fuchs, wuchtete es all die Köstlichkeiten beiseite.

Das war unbegreiflich, und doch hatten es die zwei erwartet. So war es immer, wenn die Tage des tragenden Windes da waren.

Schließlich stemmte das Lange Tier die Beute hoch und ließ sie über seine Schultern fallen. Die zwei wussten von keinem anderen Tier, dass seine Beute auf diese Weise transportierte. Die Raben warteten, bis auch das Knacken im Holz verklungen war. Das Lange Tier pflegte mit jedem Schritt so zu stampfen, als wollte es jemandem imponieren.

Die zwei nickten sich zu, dann schwangen sie sich hinab und tauchten die Schnäbel in die dampfende rote Masse, bis sie troffen.

Die Hitze des Tages brütete ein Gewitter aus, die Vorboten zupften schon am Buchenlaub. Und irgendetwas zerrte auch am Flugkleid der großen Raben. Nicht der Wind, es war eher ein Zittern von innen.

Die Rabin ruderte auf gleicher Höhe wie der Rabe, dicht genug, um die geweiteten Augenkreise ihres Partners erkennen zu können. Von der Balz trennte die beiden noch der Rest des Sommers, Herbst und ein halber Winter. Balzstimmung konnte es nicht sein, was sie zu erkennen meinte. Es war der Vorschein von Wagnis.

Es gab keine Notwendigkeit, das Wagnis zu fliegen. Es gab dieser Tage Heupferde, Mäuse, Frösche. Es war ein Leichtes, im Morgengrauen die großen Sichelschnäbel in die Erde zu schlagen, wenn sie sich blumenkohlartig aus der Wiese hob, und einen Maulwurf ins Gras zu schleudern. Es gab absolut keine Notwendigkeit für das Wagnis.

Doch der Rabe hatte schon Kurs auf die Sandkuhle genommen, die fast wieder zugewachsen war, seit den Tagen, als hier noch Kies für den Bau der nahen Autobahn gebaggert wurde. Ihn trieb kein Hunger, kein alltägliches Gefühl, es war die pure Fluglust, wie sie aus dem Rausch der Pirouetten aufstiebt, aus den Einflüsterungen des Flugwindes, aus dem Sturm, den er selbst entfachte.

Er fand, was er erwartet hatte. Vor dem Fuchsbau, aus

der Vogelperspektive besser zu erkennen als aus Menschenaugenhöhe, balgten sich graubraune Welpen. Sie zerrten an einem Kaninchenkadaver. Er sah die unökonomischen Bewegungen der Welpen, und er sah neben sich die Rabin, die Abwehr signalisierte, indem sie sich mit kräftigen Flügelschlägen seitlich absetzte.

Der Rabe legte die Schwingen an, der Luftstrom riss ab, und er pfeilte abwärts, ein schwarzer Keil, ein gefiedertes Geschoss.

Unmittelbar über der balgenden Meute fing der Rabe den Sturz ab. Die Welpen traf gleichzeitig ein Luftschwall und ein röhrendes »Uuu Wäääääh« aus weit aufgerissenem Rabenschnabel.

Mit leichtem Knicks – dem fast sanften Abschluss eines Sturzes – stand der Rabe auf dem zerfledderten Kaninchen, wippte mit seinem Schwanzkeil und schleuderte einen Kontrollblick in die Runde, während seine Partnerin im Tiefflug über einen der Welpen hinwegwischte. Der hatte als Einziger den Eingang zum Bau verfehlt und sich in einem Verhau aus Rainfarn und Natternkopf festgerannt. Sein Entsetzensgefiepe überschrillte das Grundrauschen der nahen Autobahn.

Der Rabe riss einen Streifen aus dem geöffneten Kadaver. Es musste nun schnell gehen. Doch ein Fleischlappen, von einer Sehne befestigt, bot Widerstand.

Die Rabin brach die Scheinverfolgung des Welpen ab, ließ sich mit gesträubtem Kehlgefieder und schnarrendem Laut in einigem Abstand neben dem Raben auf den Sand fallen. Ihre Warnung kam zu spät. Der Rabe hatte gerade noch Zeit, den Fleischlappen fallen zu lassen, als sich etwas heiß und scharf um seinen Hals schloss.

Auffliegend sah die Rabin einen schwarzroten Wirbel, der über den freien Teil der Sandfläche kugelte, hörte Flügelpeitschen und ein Gurgeln, das unrabisch, unwirklich klang.

Dann war es still. Bis auf das Rollen der Autobahn.

Die Luft war noch schwerer geworden, und im Westen, über dem Wilseder Berg, berührten die Wolken bereits die Flanken des Heidekrauthügels. Es blitzte, als hätten sich die Wolken an der Besenheide entzündet. Die Rabin gewann schnell an Höhe. Erst als der Fluchtreflex nachließ und sie wieder selbst die Schlagzahl ihrer Flügelschwünge bestimmen konnte, verlangsamte sie ihren Flug.

Die Rabin zog eine Schleife rückwärts. Auf dem Sand lag ein Schatten, so groß wie sie selbst, ein Schatten, an dem Fuchswelpen zerrten.

Es ist nicht so, dass kluge Vögel – und Raben gehören zu den klügsten – nicht trauern können. Sie haben nur keine Namen, keine Lieder, keine Gedichte für ihre Trauer.

Da waren die Dutzend Dinge, die man tut, die man gemeinsam getan hat und die man wieder und wieder tut, um den Vertrauten zurückzuholen: sich auf einen Ast ducken und das Hochschnellen des Zweiges als Starthilfe nutzen, mit geöffnetem Schnabel fliegen, um Nebeltautropfen zu trinken, die Schwingen starr in den Wind stellen und nur mit dem Federkeil steuern. Ab und zu ein seelentiefes Klong, aber so sehr sie auch seinen Rabenbass imitierte: Der Himmel blieb leer.

Seine Lieblingssitze waren verlassen, die Eiche mit der kahlen Krone, die Buche, die sich schwer in den Wind legte, nachdem man ihr den umgebenden Windschutz weggeschlagen hatte, der Zaunpfahl am Wiesenende, den auch der Milan für sich beanspruchte, derselbe, der sie regelmäßig zu verscheuchen trachtete. Ihr Klong-klong fiel ins Leere, rieselte durch die Buchendome, verfing sich in den taunassen Spinnennetzen der Sudermühler Heide.

Die Zeichen, die Gewissheit hätten geben können, sah sie, aber sie erreichten nicht ihr Vogelherz: Fast im Zentrum der eingewachsenen Kieskuhle, unweit der Autobahnabfahrt Garlstorf, lag ein schwarzes Kreuz.

Die Rabin spürte eine Schwäche wie sonst nur an langen, hungrigen Wintertagen. Die Notwendigkeit, fressen zu müssen, verdrängte die Antriebslähmung, durchbrach die Stereotypie, die sie im Kreise geführt hatte: von der kahlen Eiche zur schiefen Buche, zum Zaunpfahl, dessen weiß-kalkige Haube noch aus großer Höhe zu erkennen war.

Sie wählte die leichteste Quelle für Blut. Im Frühlicht saß sie auf Gabers Scheune, wie eine zu große Krähe unter Krähen, den Schnabel dem Brunsbach zugewandt, dessen Feldsteinkorsett man vor einigen Jahren etwas gelockert hatte. Alle, sie und die Aaskrähen, warteten stumm.

Schließlich kamen die Schreie, kurz hintereinander. Wenig später spuckte das Rohr, das aus dem Schlachthaus kam, Blut in den Brunsbach.

Noch ehe die Rabin und die anderen Schwarzen zur Stelle waren, tauchten Ratten auf, vier, fünf, mit peitschenden Nacktschwänzen, die sich in die rote Brühe warfen. Die dampfte und verteilte sich fettäugig im Bachwasser. Wenig später ploppten die erwarteten Fettfetzen ins Wasser.

Die Rabin vertrieb mit kurzen Schnabelhieben die Ratten in ihrer Reichweite, hielt die Krähen auf Distanz und schluckte Fettbollen.

Dann erhob sie sich und zog einen weiten Bogen über das Dorf. Über dem Schiff der Jacobi-Kirche schloss sie sich einem leichten, aber stetigen Wind an, der sie über ihr Land hinaustrug. Flügelträge und leer, trotz des gefüllten Magens, segelte sie über den Töps. Wenn einer kommen würde, dann von hier, wo der Wind im Winter Raureifsplitter von den Heidebüschen pflückt und im Spätsommer Birkensamen ausstreut, als wären es Goldsplitter.

Den Töps würde überfliegen, wer in die engere Wahl käme. Es würde dauern. Aber es wird geschehen.

WOLF

Erst war da nur so etwas wie Ziehen in den Flanken, kein Schmerz, eher eine Verspannung. Dann war es der Jungwölfin, als müsse sie der untergehenden Sonne nach Westen folgen, so als riefe dort etwas mit jener wortlosen Begrifflichkeit, die seit Millionen Jahren durch die Blutbahnen der großen Caniden pocht. Sie schlief unruhig, als wüsste sie, dass dies ihre letzte Nacht im Rudel sein würde.

Es war nicht so, dass ihre Mutter, die Rudelchefin, sie weggedroht oder ihr sonstwie Beine gemacht hätte. Auch Beuteknappheit gab es nicht. Es drängte sich genug Reh- und Rotwild auf dem Rheinstahl-Schießplatz Munster, und die Mutter, die einzige Wölfin im Rudel mit der Lizenz zum Reißen, sorgte für so viel Frischfleisch, dass alle satt wurden und auch für Kolkraben, Füchse und Marder noch genug übrig blieb.

An ihrem zweiten Geburtstag – den Wölfe bekanntlich nicht feiern – erwachte sie nach einem verdösten Tag. Und es war anders. Zwar lag wie immer der Bittergeruch von rostenden Panzerleichen in der Luft, von Altmetall, auf das mit neuestem Tötungs-Know-how geschossen wurde. Zwar lagen die Körpergerüche der Welpen und der beiden Alten ausgebreitet wie Duftkissen im Moos, auch das war wie immer. Und der Wind, der über die kahlen Schießflächen von Deutschlands Waffenschmiede Nummer eins fegte, war der alltägliche. Vertraut wie der eigene Herzschlag. Aber etwas war anders.

Etwas zog an ihr. Erst war es nur ein Zupfen, dann aber mehr und mehr ein Zerren, dessen sie sich nur erwehren konnte, indem sie nachgab. Kaum dass die Sonne hinter den Kiefern aufgegangen war, fiel sie in einen Dauertrab, der nicht der Trab für kleine Wege war.

Vor der Wurfhöhle blieb sie stehen, auf einem Wurzelteller, unter dem sie – und rund ein Jahr später die nächste Generation – auf zu großen Pfoten herumgewuselt war. Sie las den Baumstumpf neben der Einfahrt zum Wolfskeller. Es roch stark nach den beiden Alten, ihren Eltern. Weniger stark, aber doch deutlich haftete der Geruch der jetzt schon fast erwachsenen jüngeren Geschwister, die sie mit aufgezogen, denen sie Futter vorgewürgt hatte, wenn die Kleinen bettelnd ihre Lefzen leckten.

Bilder flirrten durch ihr Wolfshirn.

Da gab es den Tag großen Triumphes, an dem nicht eine ihrer drei Schwestern, sondern sie den Eingang zur Wurfhöhle bewachen durfte. Erstmals und dann exklusiv, Tag für Tag, immer wenn die Alte jagte. Oder der Tag, an dem ein Rehkitz, das sie erbeutet hatte, als Welpenfutter akzeptiert wurde.

Es galt – eigentlich – als ausgemachte Wolfssache, dass große Beute nur von den Alten vor dem Bau angeliefert und den Welpen vorgelegt werden darf. Aber die Alte jagte von einem bestimmten Tag an nur noch Kleingetier, Mäuse und Maulwürfe. Die Begegnung mit einem Fahrzeug hatte sie zwar nicht das Leben, wohl aber ihre Sprintkraft gekostet.

Die Jungwölfin schloss die Augen: so viele Bilder, so viele

Geruchserinnerungen. Da war wieder der enervierende Geruch von Läufigkeit, eine Dufterinnerung, die sich über das Bild ihrer Mutter schob. Die Mutter war kleiner als sie und doch größer – in der Maßeinheit der Wölfe.

Unweit vom Wurfkessel war auch der Ort, an dem sie den stechenden Geruch von Schweinen erstmals erschnuppert hatte, den Geruch von Wildschweinen, die regelmäßig das Revier des Munster-Rudels durchstromerten und gelegentlich umpflügten.

Sie hatte schon früh gelernt, dass Rotten tabu sind. Frischlinge wären zwar leichte Beute, aber die Alte war ihr in die Parade gefahren, als sie sich einem Ferkel nähern wollte, das sich abseits der Rotte im Brombeergeranke festgerannt hatte. Noch während sie sich – Mutters strengem Verweis gehorchend – abwandte, war die Mutter-Bache wie ein schwarzer Keil auf sie zugebrochen. Sie wich der Muttersau aus, geriet dabei aber zwischen Überläuferschweine, die auf sie zurüsselten. Gras und Erde stoben auf. Die blank gezogene Zahnreihe einer Bache streifte ihr linkes Schulterblatt. Eine andere Bache, die ihr den Weg abschnitt, übersprang sie. Es war knapp. Die Lektion saß.

So viele Bilder, so viele Geruchsbilder! Als sie den westlichen Rand des Reviers erreichte – die »Heerstraße«, die von Panzern regelmäßig frisch gepflügt wurde –, blieb sie stehen. Ab jetzt galt der Grenzschutz des Rudels nicht mehr, ab hier begann Nicht-Rudel-Gebiet. Unwillkürlich sog sie die Luft tiefer ein. Da war nur der Geruch von Harz – die Kiefern bluteten, dort wo Rheinstahl-Schrapnelle (»Tod für die Welt«) sie getroffen hatten. Und eine fast geruchsverwehte

Reh-Fährte war zu erahnen: Bock, ziemlich alt, nicht mehr allzu schnell.

Ein Eichelhäher warnte. Zu Hause warnte kein Eichelhäher mehr vor Wölfen, sie waren zu allgegenwärtig. Hier aber flog er zeternd davon. Also? Wolfsfreies Gebiet?

Sie übersprühte einen Jagenstein mit Urin, und sie tat es erstmals in ihrem jungen Leben nach der Art der Prinzipalinnen: mit gestrecktem Hinterbein. Zu Hause wäre so etwas sofort gerüffelt worden. Aber hier war nicht mehr zu Hause. Sie bog auf einen Forstweg ein, der leichtes, schnelles Fortkommen erlaubte, fiel in einen raumgreifenden Wolfstrab und fühlte sich stark und wissend wie das alte Geschlecht der Caniden.

Ernst August, der Schäfer, war empört. Seit er für den Verein Naturschutzpark Lüneburger Heide Schnucken über die berühmte Norddeutsche Strauchsteppe trieb, hatte er sich dergleichen nicht bieten lassen müssen. Da hatte doch tatsächlich so ein anonymer Schmäh-Fritze in die Gastspalte seiner Homepage »Ernst Augusts Schnucken« geschrieben: »Der Verein Naturschutzpark hat doch wirklich Kohle genug, um das eine oder andere Schaf zu ersetzen, das sich der Wolf holt. Was soll das hysterische Geschrei. Der Mensch ist das einzige schädliche Raubtier. Nicht der Wolf!«

Als ob es darum ginge! Können sich diese ahnungslosen Wolfsfreunde denn überhaupt vorstellen, was es mit einem Hirten macht, wenn da eines Morgens fünf, sieben, zehn blutgetränkte Kadaver herumliegen? Gut, *seine* Herde verbrachte die Nächte in geräumigen Schafställen. Und auch seine beiden Australian Shepards würden anschlagen, wenn sich ein Wolf näherte. Aber weiß man's ?

Die Beunruhigung würde durchschlagen bis auf den Verdauungstrakt der Tiere. Die Heide mit Wölfen wäre nicht mehr »das wunderschöne Land«, in dem Hermann Löns »auf und unter« ging.

Ernst August zückte seinen Laptop, der mit ihm tagein, tagaus über die Heide zwischen Hanstedt und Schneverdingen wanderte, lümmelte sich am Pastor-Bode-Teich ans moorige Ufer und jagte einen Suchbefehl durch sein Hirn: Wie nennt man diese Typen, Hamburger Wochenend-Touristen meistens, die jedes neugeborene Lamm mit dem Handy abküssen und die Kosten und Schmerzen, die die Wölfe verursachen, zum Bagatell-Kram runterschwadronieren? »Oaslöckes!« – was aus dem Plattdeutschen ins Hochdeutsche übersetzt genau das heißt, wonach es sich anhört.

Es gab einiges, was die Jungwölfin aus der Landschaft ihrer ersten Schritte kannte. Zum Beispiel die Lerchen, die wie an unsichtbaren Spinnfäden gezogen tirilierend aufwärtsschwebten. Es gab den Zickzackflug der Gebänderten Heidelibellen und das Geflitze von Kaninchen, die in aller Regel zu flink auf den Beinen sind, um sich abgreifen zu lassen. Und es gab etwas, das sie bisher nicht gekannt hatte: Hunger.

Seit sie das Rudel hinter sich gelassen hatte, hatte sie nichts Nennenswertes zwischen die Zähne bekommen, von einem Fasan abgesehen, der sich kopflos im Waldgeißblatt-Gestrüpp verheddert hatte, als er zu entkommen suchte.

Der Frühsommer war heiß, heiß wie seit Menschengedenken noch nicht. Sie hatte sich, immer wenn es sich anbot, in Bäche gelegt und sich Läufe und Bauch gekühlt. Aber viele Bäche waren ausgetrocknet, in Teichen stand nur noch schlammbraune Brühe, Graureiher sammelten Fischleichen und ließen sich von einem Wolf, der an ihnen vorbeischnürte, nicht irritieren.

Als sie an die große Heidefläche bei Undeloh stieß, stiegen erneut die Bilder ihrer Jugend auf: weite, strauchige, gewellte Ebenen, die unter der Heidesonne flimmerten wie Spiegelbilder auf windbewegten Teichen.

Aber hier gab es mehr Zweibeiner. Zweibeiner, die manchmal Ähnlich-Riechende mit sich führten: Tiere, die – wenn man mal ein Nasenloch zudrückte – leicht wölfische Duftschleppen hinter sich her zogen. Wesen waren das, die jämmerlich aussahen, viele kurzbeinig, und fast alle bewegten sich so angestrengt und unrund, als wären sie verletzt oder krank auf den Tod.

An der Verbindungsstraße zwischen Undeloh und Wesel hatte es wegen nächtlicher Raserei zwei schwere Unfälle gegeben, was die Verkehrspolizei veranlasste, eine gut getarnte Fotofalle aufzubauen.

Für allgemeine Heiterkeit sorgte das Bild eines Straßenbenutzers auf vier Pfoten, der mit 15 Stundenkilometern Schnürtrab gemessen wurde. Weit unterhalb der zugelassenen Höchstgeschwindigkeit. Das Bild schaffte es in die sozialen Medien, wurde mehrfach gelikt, nur wenig beschmäht und landete schließlich auch auf dem Laptop von Ernst August, dem Schäfer.

Dem war alles andere als zum Liken zumute. Der Wolf war offenbar auf dem Weg ins Herz des Naturparks, in seine Schnucken-Weidegründe. Der Kommentar eines mit Wölfen befassten Wildbiologen zum Schnappschuss besagte, dass es sich bei der Geblitzten sehr wahrscheinlich um CL-2/13 handele, eine junge Wölfin aus dem Munster-Rudel: Die ungewöhnlich stark ausgeprägte Dunkelfärbung am Ansatz der Rute mache »die Identifikation zu einer fast sicheren Sache«.

Ernst August entschloss sich, die nächsten Nächte im Schafstall zu schlafen und kein Tier innerhalb des Pferches vor dem Eingangstor nächtigen zu lassen. Außerdem besorgte er sich via Internet aus alten Volkspolizei-Beständen ein Nachtsichtgerät, schwer und klobig, aber funktionstüchtig.

Sie war irritiert. Was ihr da ins Gesicht schlug, war eine Geruchswand von einer Dichte und Mächtigkeit, die ihr fremd war.

Dank ihrer angeborenen Nachtsichtigkeit konnte sie erkennen, wie sich eine Flut von Tieren in guter Beutegröße in einen Verschlag schob, von der Art wie die strohgedeckten Ställe am Rande des Heimatreviers. Ein Blöken erfüllte die Luft und vermischte sich mit dem Geruch, in dem auch eine Prise von Hündisch und Zweibeiner mitwehte. Sie kauerte sich nieder, weniger, um sich unsichtbar zu machen. Es war die Wucht der Eindrücke, die sie kleinmachte.

Sie musste niesen, die olfaktorische Wand schien auf sie niederzustürzen. Und doch schob sich die Wölfin Meter um Meter vor Richtung Stall. Über allen Gerüchen lag der von warmem Fleisch.

Ernst August hatte die Unruhe der Hunde bemerkt. Normalerweise drückten die beiden Hütehunde das Gewusel aus Heidschnucken-Leibern elegant und mit minimalem Laufeinsatz in den Stall. Aber in dieser Spätdämmerstunde Mitte Juni machten sie unnötig viele Wege. Und *Billabong*, die fünfjährige Australian-Shepherd-Hündin, verharrte immer wieder und winselte in Richtung Waldrand.

Ernst August erkannte richtig, dass er im Fastdunkel nichts würde erkennen können. Er setzte das Nachtsichtgerät an seine Augen und schwenkte langsam den Waldrand ab. Erst nur erbsengrüne Suppe, aber dann …

Ihm fiel vor Schreck fast das Gerät aus der Hand, er peilte erneut und sah, was er lieber nicht gesehen hätte. Einen Wolf, weißglühende Augen, hoch aufgerichtete Lauscher, die tief gehängte Rute in leichter Pendelbewegung. Ernst August sah die reglose Blickrichtung, sah, dass der Wolf ihn sah.

Der Schäfer tauchte in den Stall ab, trat dabei die noch immer einströmenden Heidschnucken zur Seite und nahm, was er sich bereitgelegt hatte.

Die Jungwölfin stand reglos, nur die Rutenspitze tupfte sanft von einer Seite zur anderen. Die Geruchswand fiel in sich zusammen und floss in den Stall. Beute, blutvoll und erreichbar! Ein langer Speichelfaden hing aus ihrem Fang. Dann hörte sie Gewinsel und Gebell, Stimmen, die schwer zu lesen waren, lagen sie doch zwischen Panik und Angriff, ohne dem einen oder anderen zuzuneigen. Sie drückte sich in die Besenheide und schob sich langsam meterweise voran.

Und dann geschah es.

Etwas flackernd Feuriges zischte heran, fauchte und

machte den Himmel taghell. Dann rieselten Kugeln herab, die zu Sternen explodierten, ihr Licht warf helle Streifen auf die Heide.

Sie sprang auf und rannte, überschlug sich, als sie mit den Vorderläufen tief in einen Entwässerungsgraben tappte, rannte weiter und fiel erst zehn Kilometer weiter westlich in einen schlingernden Trab. Ein paar Wolfsherzschläge lang zog es sie wieder ostwärts, zurück auf der eigenen Spur nach Hause, wo es keine Geruchswände und keine brennende Nacht gab, zum Ort, wo die Alte einem bedeutete, was zu fürchten und was zu vergessen war. Aber dann schwenkte sie wieder nach Westen, folgte dem Lauf der Venus durchs Sternbild Fische. Das jedenfalls hätte gesagt, wer nicht weiß, dass Wölfe das Erdmagnetfeld spüren und lesen können. Der Nachtwind war vertraut, war geruchshellhörig wie immer, wenn die Dunkelheit nicht vor Nässe troff.

Erst eine Stunde vor Sonnenaufgang ließ sie sich in eine Bodensenke fallen, über der ein windverrenkter Wacholder lehnte. Das metallisch auf- und abschwellende Hämmern eines Ziegenmelkers klang vertraut. Eine der vielen Stimmen der Heide. Sie hechelte sich in den Schlaf, die Pfoten zuckten als sie träumend weiterlief.

Zwei Tage später erreichte CL-2/13 die Weser, querte den Fluss bei Achim, so als hätte sie nie etwas anderes getan, als breite Tieflandflüsse zu überwinden, wie Pfadfinder ohne Pfad.

LUCHS

Der Raureif, der sich vom Moosbach an beiden Uferstreifen in die Wälder vorschob, hatte sein Gutes. Die Laubstreu flüsterte, sehr leise, aber hörbar. Für einen Wander-Luchs.

Ein Luchs sucht mit Augen und Ohren, nur selten mit der Nase. Und der Reif ließ an diesem Februarmorgen die welken Blätter knirschen und wispern. Der gefleckte Wanderer kannte etliche Hörbilder. Unter anderen auch dieses: das unrhythmische Rascheln im gefriergetrockneten Laub. Etwa zehn Luchssprünge entfernt mühte sich ein Eichelhäher mit der verharschten Bodenkrume ab. Er grub aus, was er im Herbst im Waldboden versenkt hatte: Eicheln.

Der Wanderer wusste – eine Art eingraviertes Instinktwissen war das: Die einzige Chance, einen Häher zu erwischen, bietet sich, wenn der Vogel mit Hack- und Grabarbeiten beschäftigt ist. Ein paar Herzschläge lang spannten sich die Flankenmuskeln des Kuders, und er ging auf Bauchkontakt mit dem Boden. Das geschah unwillkürlich, unwillentlich, so wie man blinzelt, auch wenn man nicht ernsthaft vorhat, in die Sonne zu schauen.

Dann zog er weiter. Durch sein Hirn war etwas gezuckt, das ein Mensch *»energetische Kosten-Nutzen-Rechnung«* nennen würde. Ein Häher war Kleinbeute, nichts für den großen Hunger, der ein ständiger Begleiter des Jungluchses war, seit er seine Westwanderung begonnen hatte. Aber

Kleinbeute hin oder her, man brauchte auch für diese Appetithäppchen seine volle Schnellkraft und womöglich noch einen kleinen Extra-Schub, um den auffliegenden Vogel mit gestrecktem Greifschlag der Tatzen zu Boden zu peitschen.

Der Luchs fiel wieder in seinen Wandertritt, verharrte regelmäßig und oft. Das leise Knirschen unter seinen gepolsterten Sohlen hätte sonst leicht überlagern können, was er vor allem zu erlauschen hoffte: die akustischen Halbschatten, die mit Rehen einhergingen.

Rehe gab es viele. Und doch war die Rehjagd schwer. Als Heranwachsender war der Wanderer ein ums andere Mal vergebens gesprintet. Immer wieder hatte er die Distanz, auf die man an ein stehendes oder liegendes Reh anschleichen muss, falsch gewählt und dann nur noch die weißen Spiegel der Flüchtigen gesehen. Zu kurz gesprungen.

Irgendwann gegen Ende seiner Halbwüchsigkeit hatte er auf eine luchseigene Weise erkannt, dass man sich bei der Rehjagd nicht *nur* auf das fast einmalig scharfe Gehör verlassen durfte, sondern auch auf die kaum minder scharfen Augen. Nur wenige Lebewesen – Rehe und Menschen gehören nicht dazu – sehen auch bei schwindendem Restlicht noch scharf. Die sprichwörtlichen Katzenaugen konnten noch im Fastdunkel der Dickichte die Silhouetten der Beutetiere erkennen, konnten sie vom Hintergrund aus Fichtenschonung und Laubholz-Unterwuchs ablösen und taxieren.

Rehe dagegen sehen Bewegungen besser als Umrisse und Kontraste. Die Pirschjagd der Luchse ist der Sehweise der Rehe angepasst: Das getupfte Katzenfell verschmilzt optisch mit Waldböden und Dickicht, löst die Umrisse auf. Und die

Vorwärtsbewegung auf die Beute hin erfolgt, wenn irgend möglich, so langsam, dass ein Reh – besonders wenn es arglos ist – die Annäherung nicht bemerkt. Und wenn, dann zu spät.

Dort, wo eine Verklausung – angeschwemmtes, verkeiltes Holz – den Moosbach aufstaute und das Wasser aus gut einem Meter Höhe herabstürzen ließ, hörte der Wanderer etwas durch das Wasserrauschen hindurch. Er hörte es so, wie ein Graureiher durch die Wasseroberfläche hindurch einen Fisch sehen kann: ganz auf das Begehrenswerte konzentriert, alles andere ausblendend.

Nur vier, fünf Herzschläge später erspähte der zweijährige Kuder, was er durch den Geräuschvorhang des Bachs hindurch erlauscht hatte: eine Ricke, die mit zwei fast ausgewachsenen Kitzen Wasser schöpfte. Die drei würden, sobald sie ihn bemerkt hätten, auf die nahe Fichtenschonung zuflüchten. Es wäre also angesagt, aus der Schonung heraus anzuschleichen und anzugreifen. Dann aber würde man mit und nicht, wie nötig, gegen den Wind vorrücken.

Der Wanderer wählte – nicht er wählte, sein Instinkt wählte für ihn – den Kompromiss, gewissermaßen die Winkelhalbierende aus notwendiger Deckung und richtiger Windrichtung. Er schob einen Halbkreis um die drei – die Ellenbogen der Vorderläufe bildeten dabei zwei Höcker über seiner Rückenlinie. Sein Atem wischte heiß über die gefrorene Laubstreu. Eine Haselmaus brachte sich raschelnd in Sicherheit – kein Geräusch, das ein Reh hören, geschweige denn irritieren könnte.

Als er den Halbkreis um die drei, die sich jetzt langsam

vom Bachufer fortorientierten, geschlagen hatte, lag er genau auf der scharfen Naht des Windes, zur einen Seite Luv, zur anderen Windschatten der Fichtenschonung.

Der Wanderer wartete, wartete am äußersten Rand seiner Kraft. Er spürte, dass er die Anspannung der Oberschenkelmuskulatur nicht mehr lang würde halten können. Die vorgeneigten Pinselohren zuckten. Er schluckte trocken, schloss die Augen zu blattdünnen Sehschlitzen. Katzenaugen leuchten im Dunkeln verräterisch. Die Ricke hob den Kopf, witterte, zog die Luft hörbar ein, während sie in seine Richtung äugte.

Das war das Jetzt-oder-nie-Signal. Der Kuder wurde zum Flugbeil, das in die Drossel, den Kehlknorpel der Ricke, einschlug.

Erstmals wieder seit Beginn seiner Wanderschaft war es nicht der Hungerschrei der Gedärme, der ihn in den Schlaf begleitete. Und mit dem Schlaf kam das Wohlgefühl von Sicherheit zurück, das die Mutter verbreitet hatte, wenn sie mit freundlichem Schubsen ihn und seine Schwester aufforderte, einen Platz zu räumen, den sie für nicht kindgerecht hielt. Sei es, weil die Milane und Bussarde zu tief flogen, sei es, weil eine nicht auflösbare Ausdünstung von Gefahr in der Luft lag.

Die beiden Luchsjungen hatten sich aneinander aufgerichtet, waren abwechselnd Jäger und Gejagte, fuhren sich mit nur leicht beißgehemmtem Zähnegefletsche ins Genick, rollten als achtbeiniges Knäuel über Moos- und Farnkrautteppiche, verloren sich im Brombeer-Verhau, kosteten die Angstlust aus, wenn man im Kindergalopp vor den blankgezogenen Zähnen des Geschwisters floh.

Es waren Tage gewesen, in denen Kraft und Mut wuchsen. Und Wissen. Schon in den ersten Tagen, in denen sie unter den Luchsaugen der Mutter kleine Kreise um das Wurflager unter dem Wurzelteller ziehen durften, lernten sie Lektionen aus dem großen Geräuschkosmos. Wenn ein Maulwurf schwarzen Humus durch die Decke aus Gras schiebt, das noch nachtklamm ist, klingt das anders als die Grabarbeit von Wühlmäusen, die – auch das eine frühe Lektion – jämmerlich schlecht schmeckten.

Einmal war es geschehen, dass er sich bei dem Versuch, einer Blindschleiche zu folgen, unter einer Kiefern-Luftwurzel festgefahren hatte. Seine Notschreie hatten erst die Schwester herbeigerufen, die sich seine Malaise mit schräg geneigtem Kopf und einer Mischung aus Interesse und Erschrecken angeschaut hatte. Erst ein paar Hundert Schläge seines Angstpulses später kam die Mutter und betrachtete seine Notlage lange und scheinbar gelangweilt. Erst als seine Schreie und sein Gestrampel schwächer wurden und der Sand, den er sich selbst in die Nasenlöcher schaufelte, zu krampfigem Niesen führte, teilte sie die Wurzel mit einem beiläufigen Biss.

Nur wenig später lernte er, dass man mit seinen Schnurrhaaren jede Öffnung, jede Spalte, jeden Durchschlupf haargenau ausmessen kann. Aber der Schrecken im Würgegriff der Luftwurzel war irgendwo unter seiner Katzenstirn hängengeblieben und hüpfte seither durch die Synapsen seines Prädatorenhirns. Oft und auch zur Unzeit.

Etwas kehrte sich um: Es war seit der Gefangenschaft unter der Wurzel für den Rest seiner Kindertage nicht mehr *er*, sondern die Schwester, die all die Ersterfahrungen machte, die gemacht werden mussten. Lediglich wenn es darum ging, die Zähne bis zum Ansatz in Beute zu schlagen, die die Alte anschleppte, vergaß er seinen Sekundär-Rang. Für die Dauer eines Fasans oder eines Rehkitzes setzte er seinen Körpergrößenvorteil ein, der nicht sehr erheblich war, aber in den Tagen der exponentiell wachsenden Kraft durchaus bemerkbar.

Am meisten liebe ich diesen Alles-oder-nichts-Moment«, sagte Uwe Woltermann, der sich – ungewöhnlich an einem ländlichen Stammtisch – ziemlich hochsprachlich auszudrücken pflegte. »Also, ganz präzise: Ich meine den Moment, in dem du den Knall hörst und den Rückstoß in der Schulter spürst und weißt: Blattschuss! Das Tier liegt waidgerecht im Feuer.«

Drei von fünf nickten. »Besser ist aber noch die Vorfreude, wenn du aufm Hochsitz hockst und weißt, gleich muss er kommen …«, gab sein Gegenüber zu bedenken, ein ehemaliger Apothekenbesitzer aus Hamburg, der aus Leidenschaft fürs Wild aufs Dorf gezogen war. Die anderen nickten abermals, und irgendwie war ja wohl beides richtig. Vorfreude und Tatfreude.

Sie saßen unter einem ausgestopften Auerhahn, dem ein Spaßvogel schon vor langer Zeit ein gehäkeltes Lätzchen umgehängt hatte, auf dem »Jäger-Stammtisch Schnepfenstrich. Seit November 1972« stand. Eigentlich sollte an diesem Februarabend der neue Abschussplan besprochen werden. Aber irgendwie war keinem danach. Die Vorgaben für Rehwildabschuss waren noch höher als im letzten Jagdjahr, ein unangenehmes Thema!

Es gab Grundüberzeugungen am Stammtisch, festgeschrieben in einem lodengrünen Katechismus. Ein Hauptsatz daraus lautete: Ein Waidmann schießt »Wahl vor Zahl«. Er wählt aus. Er hegt. Schont die Starken, sortiert die schwachen Vererber aus. Das Wort »ausmerzen« war nicht mehr opportun. Man hatte es ausgemerzt.

Zweiter Hauptsatz: Der waidgerechte Jäger tritt an die Stelle der großen Beutegreifer, Luchs und Wolf. Horrido! Und er macht das Beste aus seinem Rehbestand. Horrido, Horrido! Er belohnt sich irgendwann mit einem Ernte-Bock, mit seinem Lebens-Bock: Starker Sechsender mit wuchtiger unterer Sprosse, lang wie die Klinge eines Hirschfängers, na ja, fast. Dreifach Horrido!

Und jetzt diese Vorgabe: Abschuss-Soll, Rehwild. Umgerechnet acht Stücke auf jeden Jagdgenossen. Unwürdig. Unmöglich. Unwaidgerecht. Ausrottungsbefehl!

Man schnaubte noch eine Weile im Kreis, deutete an, dass man sich wieder mit »Postkarten« würde behelfen müssen, das heißt mit »Abschüssen«, die nur auf dem Papier stehen. Man rügte den Unverstand »revierfremder Waldheinis«, wobei einer dem anderen den Einsatz gab.

Schließlich lobte man das neue Bier. Im Nachbarort hatte jemand, dem Trend nach Regionalität und Süffigkeit folgend, eine Kleinbrauerei aufgemacht. »Ein Prosit auf das neue Dorfbier und Waidmannsheil für die neue Saison«, toastete der stellvertretende Revierleiter und ehemalige Bürgermeister.

Man schnapste aus, wer die Abschiedsrede für einen Waidgenossen aus dem Nachbarkreis halten sollte, der in die ewigen Jagdgründe eingerückt war. Man bemängelte die Wildschutzzäune am neuen Autobahnabschnitt. Man witzelte darüber, dass in der nahen Kreisstadt mehr junge Frauen als Männer zur Jägerprüfung drängten.

»Demnächst werden wir Waidfrausheil statt Waidmannsheil sagen müssen«, gluckste einer. Woltermann gab zu bedenken, dass Diana eine »In« ist, Jagdgött-in. »Aber St. Hubertus ist immer noch Mann«, plätscherte es zurück. Kurzum: Man drückte sich, summa summarum, um qualifizierte Kommentare zum neuen Reh-Abschussplan.

Das ging gut genug, denn schon bald schwappte der Alkoholpegel jener Schummergrenze entgegen, jenseits derer kein klarer Gedanke mehr zu fassen ist.

Dass der Abend dann doch noch besonders wurde, lag am verspäteten Eintreffen von Kreisjägermeister Echternach. Er trat an den Tisch, ohne zuvor seinen Lodenanorak abzulegen, und warf die neueste Ausgabe der Lokalzeitung aufgeklappt in die Runde. »Da! Nu isses so weit!«

Echternach nahm die Zeitung, nach der gleich drei gegriffen hatten, wieder an sich und las laut: *»In die Fotofalle gegangen! Der erste Luchs seit 135 Jahren im Moosbachtal. Ulf Meyn vom BUND für Umwelt und Naturschutz, zugleich Vorsitzender der Kreisgruppe Bündnis 90/Die Grünen, freut sich: ›Ein Stück Wildnis kehrt zurück! Herzlich willkommen!‹«*

Es war eine Weile still. Seltsamerweise nicht nur am Jägerstammtisch, sondern auch an den umliegenden Tischen und hinterm Tresen, so als sei Schweigen etwas Virales, das sich unsichtbar und unmerkbar überträgt. Dann sagte der Überbringer der Botschaft, den Zeigefinger auf dem Foto: »Da, im Hintergrund … das ist doch ein Jagenstein, mit

Moos drauf! Das ist doch in Uwes Revier. Oder?« Uwe Woltermann verschluckte sich und hustete Bierschaum auf den Tisch. Der Schaum lag wie ein weißes Menetekel auf der Eichenholzplatte: »Idiot, dieser Meyn, dieser grüne Holzkopf! Willkommenskultur … wa?!« raunzte er. Der Abend endete in Aufruhr, in innerem Aufruhr.

Der Wanderer wusste, dass Reh in süßlicher Fäule fast noch besser schmeckt als blutfrische Beute. Dreimal hatte er den Rehkadaver im Humus unter den Schwarzerlen verscharrt und wieder ausgegraben.

Und natürlich hatte er den Fuchs bemerkt, der sich seitlich verdrückte, sobald und sooft sich der Kuder seinem Riss näherte. Es war ein alter Fuchs, der sich über das zähe Fleisch hermachte, das schwer ablösbar war von den Knochen.

Die große Nachtischlektion hatte der Kuder von seiner Mutter gelernt, einer exzellenten Jägerin: Wenn die Beute abgefieselt und zusammengenagt ist, dann ist sie immer noch gut als Köder. Der Luchs hatte sich einige Körperlängen vom halb aufgedeckten Rehbalg entfernt in eine Bodenwelle geduckt, dieselbe, aus der heraus er vor Tagen zum erfolgreichen Sprint auf das Reh losgeschossen war. Der Wind wischte über seinen Körper, der mit Pfeifengras, Laubstreu und Sternmoos verschmolz, und nahm nicht die leiseste Ahnung von Katzengeruch mit sich fort. Lediglich die Ohrspitzen des Wanderers ragten wie zwei Pinsel über die Strauchdecke, fast unsichtbar im Dämmerlicht. Der junge Kuder war der Unsichtbarkeit so nahe, wie nur irgend luchsmöglich.

Der Fuchs sah die Schleichkatze nicht. Er hatte sich matt und staksbeinig in die fast ausgeräumte Bauchhöhle des Kadavers geschoben, und die Geräusche von reißenden Sehnen und schnalzenden Fleischflaxen verschlossen sein Gehör, das eigentlich scharf war, scharf genug, um Mäuse unter einer Schneedecke zu orten.

Der Kuder flog heran. Die längeren Hinterläufe peitschten den Raureifboden. Eine Kristallwolke stieg auf, kaltes Pulver rieselte nieder. Der Fuchs warf sich auf, versuchte mit Rückwärtsschub aus dem Gittergefängnis des Rehgerippes zu entkommen. Zu spät.

Das Barthaar des Kuders strich über das rote Fell des kleinen Jägers, bildete in Hundertstelsekunden die Beute genauer ab, als ein Blick es hätte tun können. Dann gruben sich die Eckzähne der Katze in die Fuchskehle, es knackte, der alte Rüde machte eine Aufbäumbewegung, von der er schon nichts mehr spürte. Und wenig später lag ein roter Balg in der zerrissenen Rehdecke, so wie altes Wollfutter in einem Mantel.

In einiger Entfernung saßen Rabenkrähen, die, scheinbar teilnahmslos, alles im Blick hielten. Nur ihre Nickhäute, die ein wenig hektisch über die Pupillen wischten, verrieten ihre Begehrlichkeit.

Als die Krähen plötzlich aufflogen – hektisch, sodass die Erlenzweige, auf denen sie gehockt hatten, wippten und Raureif zu Boden rieselte –, fuhr der Luchs auf und erstarrte gleich darauf von der Nasenspitze bis zum stumpfen Ende des Stummelschwanzes. Krähen fliegen auf oder bleiben hocken, krächzen oder bleiben stumm, unwichtig. Aber wenn sie in einer Weise aufstoben, dass die Wucht des Abflugs ihnen vereinzelt Federn aus den Schwingen riss, dann ist das ein Warnschrei.

Der Luchs verharrte und fixierte einen hochbeinigen Kasten von der Art, wie er schon manche gesehen hatte, meist an Lichtungen, immer bedeutungslos, wie ein vom Sturm enthaupteter Baum mit langen Luftwurzeln.

Drei Tage und zwei Nächte zuvor lag Uwe Woltermann ermattet in seinem Bett – nach gefühlten ein Dutzend Schlafunterbrechungen. Da war ein Albtraum, der sich immer wieder erneut einstellte, ein Albtraum, der sich offenbar nicht zu Ende träumen ließ, der klebrig war und sich an seinen müden Körper hängte. Irgendetwas Großes – eher Säbelzahntiger als Luchs und dennoch Luchs – fauchte heran und riss seinen Zukunftsbock, den er sich für das kommende Jahr aufgespart hatte. Und, fatal, er fraß auch das traumschöne Gehörn. Ließ die wunderbar wulstigen Rosen knackend im Löwen-Leoparden-Tiger-Luchs-Monster-Rachen verschwinden, knickte die Gehörne wie Salzstangen, ließ die weiße Schädelplatte splittern. Das nackte Grauen hätte nicht nackter sein können.

Von dem Splittergeräusch erwachte er, immer wieder.

Als es draußen dämmerte, schon deutlich früher als noch zum Jahreswechsel, langte er nach der Nachttischlampe und las zum vierten oder fünften Mal den Artikel in der Jägerzeitschrift, Überschrift: »Pinselohr ist zurück«.

Zwei Zeilen hatte er sich schon am Vorabend unterstrichen: *»Luchse selektieren nicht unbedingt auf schwache* *und kranke Tiere; sie erbeuten, was sie in möglichst kurzem Sprint erreichen können. Und wenn es ein gutes Stück ist, dem sie sich, den Bauch tief an den Boden gedrückt, nach Möglichkeit bis auf 20 Meter nähern können, fällt eben ein guter Vererber oder eine kräftige Ricke und nicht der Kümmerer, der etwas weiter entfernt steht.«*

Wie nun, wenn ausgerechnet sein Lebensbock in kurzer Luchs-Sprintentfernung stand? Das Gehörn würde irgendwo, von Algen überzogen, in den Waldboden einsinken. Der Platz in seinem Jagdzimmer unter einem Kronenzehner-Hirschgeweih – zwischen einem Paar in Goldbronze gefassten Wildschwein-Hauern und einer ausgestopften Bekassine –, dieser Weiheplatz müsste leer bleiben.

Als er sich Kaffeepulver in den Henkelpott mit der Aufschrift »Jagen und Fangen, das ist mein Verlangen« gelöffelt hatte, fiel ihm wieder ein, was Jagdkamerad Mahlmann kürzlich gesagt hatte, an jenem denkwürdigen Abend Anfang Februar unter dem Auerhahn: »Du kennst doch *das dreifache Sch* … oder? Schießen, scharren, Schnauze halten.« Natürlich kannte er das dreifache Sch. Aber Luchs war eine streng geschützte Art. Mindestens so geschützt wie Wolf und fast so wie Bär.

Er hatte keinen Schallschützer, keiner weit und breit hatte so etwas, seines Wissens. Mal davon abgesehen, dass deren jagdlicher Einsatz verboten war. Wie, wenn irgend so ein grüner sentimentaler Spinner ihn beim zweiten Sch, also beim Verscharren, überraschen würde? In Thüringen hatte jüngst jemand eine aberwitzig hohe Geldstrafe zahlen müssen. Gut, die war dann aus der Kameradschaftskasse bezahlt worden. Aber immerhin. War es das Risiko wert?

Seine verstorbene Frau hatte oft gesagt: »Uwe, du bist nicht mit mir, du bist mit der Jagd verheiratet!« Fein beobachtet! Und es wäre ihm wie Ehebruch vorgekommen, einen hergelaufenen Rehkiller im fleckigen Tarnanzug seine Jagd zerfleddern zu lassen. Ehebruch? Mindestens Treuebruch!

Irgendwann zwischen Abendessen und ARD-»Tagesthemen« sagte sich Woltermann: »Du bist nicht vierzig Jahre Jäger, um dir im einundvierzigsten die Krone wegnehmen zu lassen, deinen Lebensbock, den Lohn geduldiger Hege. »Du bist Waidmann, Uwe! Bleib es!«

In dieser Nacht schlief er gut. Nur einmal erwachte er, und das lag nicht an den Wunschtraumbildern von seinem Erntebock, dem mit dem dunkelbraunen Gehörn, der perfekten Perlung und den starken Rosen. Nur ein einziges Mal erwachte er. Für acht Schritte zum Klo und acht Schritte zurück. Einschlafend kicherte er, aber nur ein wenig. Ihm war ein Kalauer eingefallen, der jägerstammtischwürdig war: »Ich werde doch diese Perlung nicht vor die Säue werfen.«

Die BUND-Ortsgruppe hatte zu einem Info-Abend »Luchs und Wolf in unseren Wäldern« geladen. »Aus gegebenem Anlass«, wie ausdrücklich vermerkt wurde. Er, Woltermann, und Duzfreund Mahlmann hatten die Ortsjägerschaft vertreten und waren als solche namentlich vom Naturschutz begrüßt worden.

Woltermanns Jagdkumpan Mahlmann hatte sich im Anschluss an den Power-Point-Vortrag zu Wort gemeldet und versichert, dass die Jägerschaft die Rückkehr des europäischen Luchses »voll und ganz« begrüße. Und Uwe Woltermann war womöglich der Einzige im Saal, der diesen Gruß als strategische Lüge erkannte. Aber es war eine gute, eine waidgerechte Lüge. Die Not hatte sie, die hegenden Jäger, dazu gezwungen, sich taktisch klug zu verhalten – angesichts der Notlage, dass nun große Beutemacher ihre Hegearbeit zu zerrütten drohten. Überhaupt, das Wort »Not« war in aller Jäger Munde, gern auch in der Zusammensetzung mit »Wehr«.

Elektrisiert hatten Woltermann die Fotofallen-Aufnahmen, Infrarot-Nachtaufnahmen, die immer denselben Kuder zeigten, leicht am Fleckenmuster zu erkennen. Der Luchs zog immer in die gleiche Richtung. Er war eindeutig zur Schwarzerlen-Dickung unterwegs, dem Lieblingseinstand der Rehe. Seiner Rehe! Und auch der Sechsender, dessen Gehörn sicherlich von »sehr gut« im zurückliegenden Jagdjahr auf »überragend« im kommenden aufstocken würde, stand vorzugsweise bei den Schwarzerlen. Gefahrenstufe Rot.

Uwe Woltermann spürte unabweislich, dass es Zeit war zum Handeln.

Er würde mit niemandem sprechen. Wenn es hart auf hart käme, könnten alle, alle außer ihm selbst natürlich, glaubhaft versichern, sie wüssten von nichts.

Woltermann warf noch einen letzten Blick durch sein lichtstarkes Glas und war im Begriff, den Rest von Tageslicht dranzugeben. Es war eben nicht sein Tag. Doch dann flatterten Krähen auf, die er zuvor nicht gesehen hatte, sie ließen sich geräuschvoll auf der anderen Seite der kleinen Lichtung nieder.

Und dann sah er den Kopf eines Luchses, aus dessen Fang etwas verhältnismäßig Großes, Rostrotes hing. Ein Fuchs? Ein Fuchs!

Woltermann spürte, dass sein Herz zwei, drei Schläge verstolperte. Er atmete tief, das half. Dann schob er seine *Savage-Arms-Repetierbüchse* so weit aus dem Schlitzfenster des Hochsitzes wie nötig war, um …

Die *Savage* machte, als sie über die Fassung des Hochsitzfensters geschoben wurde, ein Geräusch, das kein Mensch auf Distanz hätte hören können. Wohl aber ein Luchs. Von der Katze bemerkte Woltermann nur noch einen Schatten, der sich im Weichbild des dämmrigen Waldes auflöste. Geräusche waren keine zu hören.

Woltermann quälte sich die Hochsitzleiter hinab. Eine schon vor Jahren verpfuschte Lendenwirbeloperation machte ihm die Jagdleidenschaft oft zur Leidenschaft im Wortsinne. Besonders an kalten Tagen. Im Pfeifengras lag neben einem Rehkadaver, den er schon am Vortag bemerkt hatte, ein Fuchs mit zerfetzter Kehle. Uwe Woltermann beschloss, den Balg präparieren zu lassen, sodass man den Kehlbiss und den aufgerissenen Schlund würde sehen können.

Es gab Tage, und der Tag, an dem er den Fuchskadaver zum Präparator fuhr, war so einer, an denen es Woltermann in den Treibsand seiner Gedanken zog, und das mit einer quälenden Unerbittlichkeit, die sich meist mit beidseitigem Schläfendruck ankündigte.

Er war in dem Alter, in dem man schon mal diese »Zum-letzten-Mal«-Gedanken hat. Zum letzten Mal, dass er nach Ungarn auf einen Hirsch anreisen würde. Die Preise waren drastisch gestiegen seit seinem ersten Vielender aus den östlichen Wäldern vor dreißig Jahren. Zum letzten Mal schon wegen der Wirbelsäule, die immer mehr aufhörte, ihn aufrecht zu halten, und die zur Krücke wurde, krumm und schmerzlich. Der Rücken sagte Nein, aber die Reise war gebucht, einschließlich Abschussgenehmigung. In seinen jüngeren und auch noch in den mittleren Jahren war er ein guter Pirschjäger gewesen, einer, der in der Königsdisziplin des Waidwerks unterwegs war, einer, der Wild erlegte, nachdem er es erfolgreich beschlichen hatte. Damals, in jenen Horrido-Tagen, hatte er eine wilde und häufig auftrumpfende Verachtung für all jene, die – wie er sie nannte – »Heckenschützen-Lauerjagd« vom Hochsitz aus betrieben. Dass er, er, der Pirschjäger, der Freihandschütze, reuig auf die Hochsitze zurückgekrochen war, lag nun auch schon rund zwanzig Jahre zurück. Zwanzig Jagdjahre.

Woltermann zählte die Jahre in bestimmter Kennung: das Jahr, in dem ich den starken Keiler im Erlengrund erlegt habe, das Jahr, in dem ich Streckenkönig bei der Drückjagd im Hofmark-Forst geworden bin, das Jahr meines ersten Ungarnhirsches. Selbst das Todesjahr seiner Frau war für ihn, wie er kürzlich mit einigem Entsetzen und mit heftigem Anflug von Scham festgestellt hatte, das Jahr, in dem ich im Herbst zur Elchjagd nach Schweden eingeladen wurde.

Es gab wenig andere biografische Landmarken. Sein Beruf, Geschäftsführer in einem mittelständischen Betrieb für Taucherequipment, war einförmig und ereignisarm wie das Leben einer Seeanemone, die festgewachsen auf einem Riff sitzt und tagein, tagaus das gleiche Salzwasser fächelt. Er selbst war nur einmal getaucht, unter betrieblicher Anleitung und sozusagen pflichtgemäß. Auf den Malediven. Dienstreise. Die Unterwasserfauna war eindrucksvoll, aber nicht jagdbar.

Ach, die Jagd und das Jagdbare! Am letzten Weihnachten hatte ihn seine Tochter mit großer Unerbittlichkeit gefragt, was ihn denn am Töten, sie sagte »Töten«, nicht »Jagen«, so begeistere.

Er hatte um Bedenkzeit gebeten, hatte von Heiligabend bis zum Abend des Zweiten Weihnachtstages nachgedacht, mit Unterbrechungen, in denen er seine Fertigkeiten an Topf und Pfanne zelebrierte. Tiefkühltruhenwild. In diesem Jahr Wildschwein, mit Lorbeer, Rosmarin, Muskat und einem Rotwein aus der Côtes du Luberon, der eigentlich als Körper einer Sauce zu teuer und zu gut, aber gerade deshalb Woltermanns »Zaubertrank am Herd« war, was er gern verriet, wenn das Resultat ausreichend gelobt wurde.

Nach dem Mahl – die Tochter hatte sich nicht davon abhalten lassen, abzudecken und den Aufwasch zu machen – hatte er noch in Ortega y Gassets berühmten »Meditationen über die Jagd« gelesen und sich die Stelle markiert, in der der spanische Philosoph und Essayist die Jagd als »Rückkehr ins ursprüngliche Menschsein« feiert, als lustvolle Regression. Würde das der Tochter erklären, was er selbst nicht erklären konnte?

Schließlich hatte er mit der Ernsthaftigkeit eines Bewerbungsgespräches, über Buchweizentorte und arabischen Mokka hinweg, versucht, »es« der Tochter nachvollziehbar zu machen. Aber es blieb »Es«, das Freudsche »Es«: das Verdrängte. Zugleich Gefäß für alle Triebe, die auf Befriedigung drängen. Nein, es war nicht gut zusammengefügt, was Woltermann – die Wildschweinlende, die Buchweizentorte und Ortega y Gasset verdauend – bei Kerzenschein und Mokkaduft von sich gab. Die Tochter, Anglistik- und Sportstudentin im vierten Semester, hatte ihn zwar nicht an den weichen Flanken seiner Wild- und Selbstschutzrede ins Fleisch geboxt. Aber am Ende seiner Suade schaute sie ihren Vater lange, fast mitleidig an. Schließlich hob sie den Blick winkend auf seinen Ungarischen Vierundzwanzigender mit Goldplakette: »Und dafür verplemperst du mein Erbe!«

Woltermann schluckte, hustete Krümel der Buchweizentorte in den Adventskranz, und ehe er noch etwas entgegnen konnte, sagte die Tochter »Scherz, Papa! Sche-heeerz! Du hast es Mama nicht erklären können, du hast es dir nicht erklären können. Und wie denn auch mir?«

Schließlich erinnerte die Tochter, bestrebt, das Tiefgründeln über Leben und Tod zu beenden, daran, dass der Vierundzwanzigender in ihren Kinderjahren in den Vorweihnachtstagen als Geschenkaufhänger herhalten musste. Vierundzwanzig Tage, vierundzwanzig Sprossenenden, vierundzwanzig Päckchen. Er, Vater, hatte jedes Mal protestiert – »schließlich nimmt man eine Trophäe auch nicht als Wäscheständer!« – aber seine Frau hatte gekontert: »Ich wische den Staub von diesem Knochengestrüpp. Dann soll es aber auch einmal im Jahr zu was gut sein.«

Sie lachten beide. Es war ein guter Zweiter Weihnachtsabend.

Der zweijährige Kuder war die ganze Februarnacht – die für Luchsaugen hell erleuchtet war von einem halben Mond – weitergezogen. Mal prickelte Nadelstreu unter seinen Tatzen, mal massierte hart gebackener Lehm die Ballen an Vorder- und Hinterlauf, dann wieder wischte sein Bart feine Tropfen aus dem Sprühnebel, der im Morgengrauen an den Ästen und Stämmen zu Raureif gefror. Es war gutes Luchswanderwetter.

Im ersten Frühlicht verharrte er. Von beiden Seiten wehte ihn ein rachitisches Fauchen an, während zugleich ein Blitzen durch das Gipfelgeäst der Buchen flackerte. Die Autobahn machte hier fast eine vollständige U-Kurve, in die hinein der Kuder vordrang. Er hatte dergleichen schon erlebt, und er wusste, dass es ungut ist. Auf den topfebenen Bändern kamen die Rasenden herangeheult, rissen riesige Katzenaugen auf und verschwanden mit blutroten Hinterteilen. Manche zogen eine Schleppe von Gestank hinter sich her. Alle rannten sie schneller, als Reh oder Hirsch davonstürzen können, die schnellsten fast so schnell wie jagende Falken.

Er kannte das, doch nie zuvor war dieses Fauchen, so wie jetzt, gleichmäßig von zwei Seiten gekommen. Konnte man den Rasenden ausweichen, wenn sie auf beiden Seiten rannten?

Er lief auf der eigenen Fährte zurück, verkroch sich unter dem Wurzelteller einer vom Sturm geworfenen Kiefer und verschlief den Morgen.

Im Dämmer zwischen Traum und Tag war er wieder auf den Schlichen seiner Jugend, die jetzt hinter ihm lag. Die kleine Jagd, die auf Mäuse, Eichhörnchen und Ratten, war leicht – zumal dann, wenn man deren Laufwege kannte.

Da war wieder, im Traum größer und lichtgebadet, die Schneise zwischen Buchen- und Erlenbruchwald unweit seines Geburtsplatzes. Für Eichhörnchen gab es keine Möglichkeit, die Lücke sicher in einer der höheren Baumetagen zu überqueren, sie mussten mit possierlichem, aber den Lauf verzögernden Schwanzgewedel über den Boden hoppeln. Wenn man im Verhau aus Weidenröschen, das den Bruchwald säumte, kauerte, lange genug wartete und schließlich einem der schlechten Läufer entgegensprang, war das immer eine sichere Sache – wenngleich nur ein Appetithappen.

Einen Dachs konnte man nicht wie ein Reh seitlich und aus vollem Lauf anspringen, man musste ihn, er hatte das bei seiner jagenden Mutter gesehen, mit einem Prankenschlag auf den Rücken werfen, um seine Kehle durchschneiden zu können. Der erste Dachs des Kuders wollte sich keineswegs in seine Opfer- und Beuterolle fügen und hatte dem Jungluchs eine scharfe Grabkralle über die Nase gezogen, noch ehe dieser zubeißen konnte.

Die Wunde war nur langsam verheilt, die Erinnerung gar nicht. Der Wanderluchs war fortan Dachsen ausgewichen, was leicht war, weil deren unverkennbares Schnaufen und Niesen beim Abendessen-Suchtrab schon auf Distanz zu hören war.

Bei Ratten hatte er es zu früher Meisterschaft gebracht. An einem waldgesäumten Fischteich, am Rande des Reviers seiner Mutter, hatte ein Teichwirt große Mengen Fischmehl und getrocknete Stinte in einem Schuppen gebunkert, zu dem sich Ratten Zugang verschafft hatten.

Es war vergebliche Müh, die einschlüpfenden Ratten erwischen zu wollen, sie waren flink genug, um sich in Sicherheit zu bringen, lange bevor man in Schlagdistanz war. Anders war es mit den herausschlüpfenden Ratten, die sich dickbäuchig und ausgiebig witternd ins Freie zwängten. Leichte, sichere Beute. Man musste nur den eigenen Reflexen widerstehen und die Geduld aufbringen, die hungrigen

Ratten ziehen zu lassen, nur um sich dann an die satten zu halten.

Seine Schwester, die ihm bis in die frühe Jugend körperlich überlegen war, hatte Neigung und Fähigkeit entwickelt, gründelnde Enten zu schlagen. Sie wartete, bis eine Stockente, den Bürzel hochgereckt, die Unterwasserflur abzuzupfen begann. Dann schaffte sie es, mindestens bei jedem dritten Sprung, eine Ente aus dem flachen Wasser zu ziehen. Er selbst erbeutete nie mehr als ein Maul voll Federn und gab die Wasservogeljagd schließlich auf.

Besser lief es mit den Ringelnattern, die, dottergelb gepunktet zwischen Kopf und Leib, durchs Wasser schlängelten auf der Jagd nach Fröschen und Kröten. Es wäre vertane Zeit gewesen, sie von der Wasseroberfläche aus abzugreifen, er hatte es versucht und schnell gelernt. Aber es gab den Moment, in dem sich die Amphibienjäger aus dem Wasser an Land schoben und dabei jedes Mal kurz verharrten. Man musste nur die Richtung einer schwimmenden Natter erfassen und sich dort positionieren, wo sie aufs Ufer stoßen würde. Der Kuder hatte sich nach einiger Übung um kaum mehr als die Länge seines Halbschwanzes bei der Bestimmung der Anlandestelle getäuscht.

Eine womöglich noch sicherere Jagdstrategie bestand darin, eine Natter zu belauern, bis sie einen Frosch gepackt hatte und dann fast bewegungsunfähig dalag und würgte. Eine solche Ringelnatter konnte man auflesen wie einen Regenwurm von hart gebackenem Lehmboden.

Ihn weckte gegen Mittag das Wispern von Wintergoldhähnchen, leise und hochfrequent wie eine Mäuse-Philharmonie.

Er streckte sich und wandte sich westwärts. Von dort kam das böse Lärmen der Schnelltiere, jetzt nur noch einseitig. Es sollte also eine Möglichkeit geben, zwischen den Rasenden hindurch voranzukommen. Es war schon einige Male gelungen, wenngleich mindestens zweimal nur knapp. Das letzte Mal hatte ein besonders großes Schnelltier noch seine Schwanzspitze touchiert. Schmerzhaft, aber keine folgenschwere Attacke.

Am dritten Tag nach dem Fuchs, von dem ihn ein Geräusch im Flüsterton der Dringlichkeit vertrieben hatte, fuhr es dem Kuder abermals in die Glieder. Von irgendwoher, grob in Laufrichtung, kam ein langgezogenes »Maooo«. Dieser gestöhnte Ruf löste einen Schauer aus, war wie süßer Kitzel, wie Muttermilch- oder Arterienblut-Trinken mit geschlossenen Augen. Der Ruf war unerbittlich. Der Ruf einer Luchsin in Ranz-Stimmung.

Der Kuder wechselte in einen rollenden Trab. Das Ohren- und Augentier Luchs versuchte, was es selten tat, auch der Nase nachzulaufen, trachtete danach, Geruch und Geräusch zu einer Marschzahl zu verrechnen. Da war es wieder, dieses »Maooooo«, dieses Mal noch langgezogener als zuvor. Er ließ eine Amsel entkommen, die sich in panischer Flucht im Waldreben-Filz verfing, schenkte entferntem Hundegebell keine Aufmerksamkeit. Er lief, lief, lief, durchmaß eine große Windwurf-Kahlfläche, ohne jeden sichernden Seitenblick.

Der Wind kam jetzt böig und kurzatmig, täuschte mal große Nähe der Lautquelle, mal größere Entfernung vor. Und plötzlich roch es mit jeder Körperlänge, die sich der Kuder voranschob, bezwingender.

Irritierenderweise gab es nirgends ein Trittsiegel, das zu

dem Duft hätte passen können, und auch kein eingesprühtes Gebüsch in Nasenhöhe.

Über seine Flanken liefen kleine Wellen, das Herz pumpte wie sonst nur unmittelbar vor einem Beutespurt. Er riss das Maul auf, biss in die Luft, schloss kurz die Augen, als gelte es, ein inwendiges Bild zu betrachten. Und plötzlich war da wieder dieses raue, kratzige »Maooo«, jetzt sehr laut. Der denkbar heißeste Ruf der Wildnis.

Dann sah er sie. Braunhelles Fell, scharf konturierte Dunkelpunkte. Und sie fixierte ihn. Er beschleunigte, und erst als er die Luchsin fast erreicht hatte, bemerkte er, was er unter normalen Umständen sofort bemerkt hätte. Stahl-Maschenzaun. Ein Netz aus Geflecht, dick wie ein Fangzahn. Er stemmte die Vorderläufe in den Boden, erstarrte in der Bewegung und tippte dann mit der Katzenstirn gegen das Drahtgeflecht.

Die Luchsin kam ihm vier, fünf kleine Schritte entgegen, drückte nun ihrerseits die Stirn gegen das Gitternetz. Sie roch unwiderstehlich.

Woltermann hatte nichts von seiner Beinahe-Beute erzählt. Am Stammtisch nicht und nicht seiner Tochter, mit der er zweimal die Woche skypte. Den Fuchs brachte er, umsichtig wie er nun mal war, zu einem Präparator in achtzig Kilometer Entfernung. Auch Mumien könnten etwas ausplaudern.

Und dann gab es noch ein Nachspiel. Die Leiterin des *Wildparks Moosbachtal* hielt einen Luchs-Fellfetzen in die Kamera des Lokalreporters und ließ sich mit den Worten zitieren: »Ein Wanderluchs muss versucht haben, unseren stromgeladenen Zaun zu überwinden. Unsere Luchsdame Slavia ist rollig, wie immer Ende Februar. Der Luchs ist dann wohl mit dem Halsfell oben an der Auswärts-Krümmung der Drahtbarriere hängen geblieben. Im unteren Zaunbereich haben wir Blutkleckse gefunden. Aber nur wenige. Wir warten auf die gentechnische Analyse.«

Woltermann war zufrieden. Zumal von Wolfsrudeln bisher nicht die Rede war. Um den Pracht-Sechsender, den mit den Perlen auf schwarzem Grund und den perfekt justierten Stangen, würde er sich in ein paar Monaten kümmern, sobald die Bockjagd wieder offen sein würde. Über allen Wipfeln war wieder Ruh. Und, wichtiger noch, darunter auch.

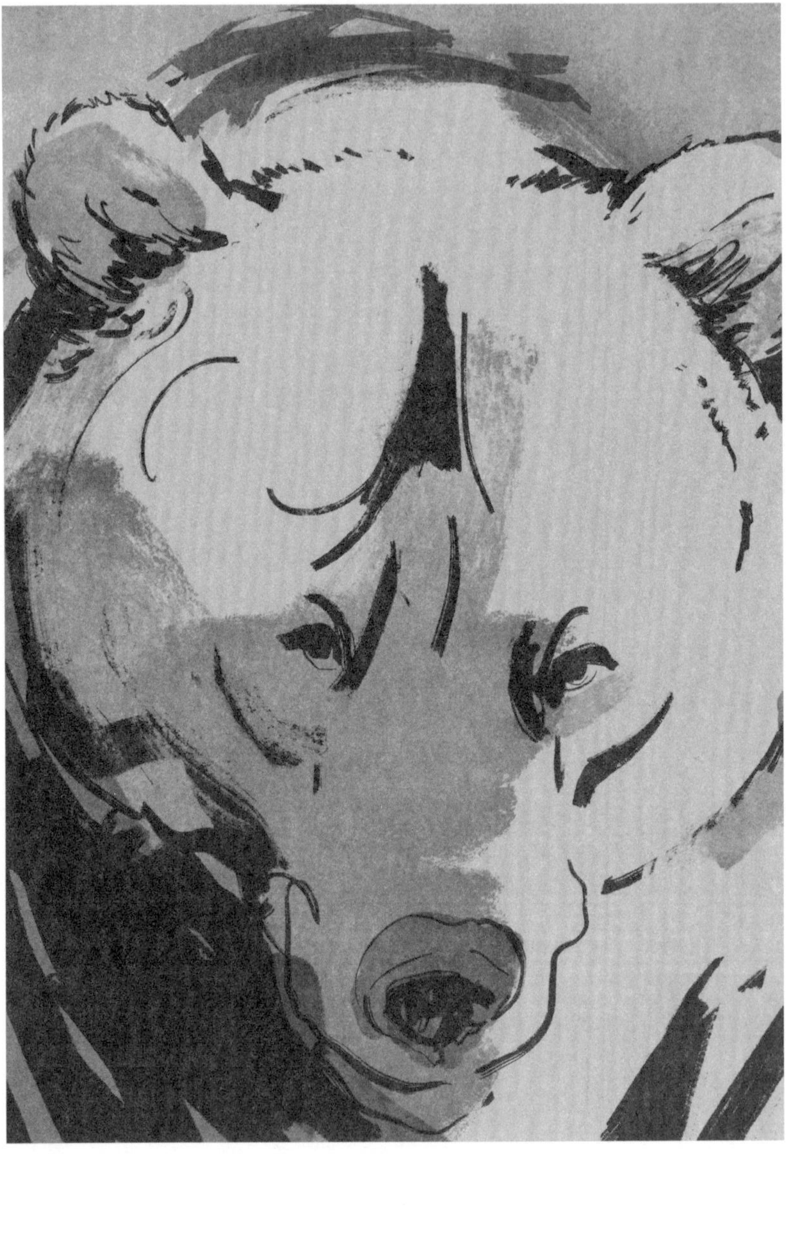

BÄR

Zur Leistungsschau für Graue Norwegische Elchhunde kamen auch in diesem Jahr wieder viele nach Trondheim. Hier bescheinigt und besiegelt zu bekommen, dass das eigene Tier gut gebaut, gut veranlagt und gut geführt ist, hob den Wert des Vierbeiners, und ja, man sprach nicht darüber, aber jeder wusste es, es hob auch den Marktwert und bei Rüden den Betrag für das »Sprunggeld«.

Einige Besucher verweilten kurz vor einem großen, auf Karton gezogenen Porträtfoto, das im Eingangsbereich der Ausstellungshalle stand, so groß und wegteilend platziert, dass man es nicht übersehen konnte. Etliche lasen den kurzen Text, nickten und gingen weiter. Die Geschichte war hinlänglich bekannt.

»So weit im Süden gibt es keine Bären«, sagte Sven Olsen in diesem Das-weiß-man-doch-Tonfall, so als hätte er gesagt: Die Sonne geht im Westen unter. Punktum.

»Gibt es nicht? ›Gibt es nicht‹ gibt es überhaupt nicht!«, antwortete sein Jagdkumpan Flint Petterson und fügte dann ein wenig auftrumpfend hinzu: »Es gibt drei Augenzeugen, die ihn unabhängig voneinander gesehen haben. An drei aufeinanderfolgenden Tagen. Und alle südwestlich von Oslo.«

»Augenzeugen, wa? Sind das nicht diese Leute, die einen Elchhund nicht von einem Bär unterscheiden können?« Sven Olsen hauchte auf die großen Linsen seines Fernglases, putze sie mit dem Hemdsärmel und fuhr dann fort, die Schneise vor ihnen abzusuchen. Nichts. Seit zwei Stunden nichts, außer drei Haselhühnern, die sich langsam auf den Saum aus Birken und Erlen zubewegten, der das Gesichtsfeld der beiden Jäger begrenzte.

Eigentlich müsste Rasputin, Olsens Elchhund, ungefähr jetzt die Schneise kreuzen und sich bei ihnen einstellen. Nach erfolgloser Elchfährtensuche sollte er wiederauftauchen – Rasputin hatte da so eine Art innerer Uhr, die nach ziemlich genau 20 Minuten auf »Zurück zu Herrchen« sprang.

Das letzte Sonnenlicht schien sich in den Birken verfangen zu haben, die nach Westen hin das Revier begrenzten, in dem Petterson und Olsen jagdberechtigt waren. Ein starker Bulle oder zwei schwache Kühe waren offen. Jammerschade, wenn sie offen blieben.

Aber Elchzeit war noch weitere 14 Tage, und Rasputin war – das wussten alle Jäger rund um Oslo – einer der besten Elchhunde überhaupt. Wenn nicht gar der beste. Und vielfach prämiert. Nicht nur, dass er in freier Stöberjagd Elche aufspürte und sie in unermüdlichen Serien von Scheinangriffen stellte und verbellte, das konnten andere Elchhunde auch, dafür waren sie ja da. Aber Rasputins Stimme trug nicht nur die üblichen zwei Kilometer weit, er brachte es mit seinem Donnerbass auf gut drei.

Sven Olsens Grauer Norwegischer Elchhund hatte noch keinen von ihm fixierten Elch auslassen müssen, bevor sein bewaffnetes Herrchen auftauchen und anlegen konnte. Rasputin war eine Elch-Abschuss-Erfolgs-Garantie, dazu noch ein Bild von einem Hund mit breitem, elchhundtypischem »Sattelgurt« und spitz aufgestellten, schwarzen Lauschern.

Die beiden Jagdkumpane – sie verband eigentlich nicht mehr als die Jagdberechtigung in einem durchschnittlichen, südwestnorwegischen Revier – waren schon dabei, die Sichtblende aus Birkenstecklingen zu verlassen, als Rasputins tragende Stimme ertönte. Höchstens einen Kilometer entfernt, schätzte Sven. Beide Männer richteten sich in fast synchroner Bewegung auf, fassten Gewehre und Gläser, fielen in einen Schnelltrab, den sie, oder zumindest Sven, gut zehn Minuten würden durchhalten können.

Die gute Zeit, die Zeit der süßen Fülle, die Zeit der Moltebeeren, der Rauschebeeren, der Blaubeeren war vorüber, aber es gab reichlich Pilze. Der Bär nahm Duftproben mit seiner unendlich fein differenzierenden Nase, ließ glitschige Kremplinge und Morcheln unberührt, verschlang Maronen, Birkenpilze und Ziegenbart mit Kennermiene, wobei zu sagen wäre, dass Bären für menschliche Augen kein Mienenspiel haben, für ihresgleichen aber schon.

Der Bär war weiter und länger getrottet, als es sein Alter und die Jahreszeit angezeigt erscheinen ließen. Ein gutes Dutzend Tages- und Nachtmärsche nordöstlich war auf ihn geschossen worden. Genau genommen war auf einen Kiefernstamm geschossen worden, hinter dem er stand. Dem Schützen war in der Sekunde, in der er den Druckpunkt mit dem Zeigefinger der rechten Hand überwinden wollte, der große Flatter dazwischengekommen, sodass er den Schuss um entscheidende Winkelgrade verriss.

Das Projektil fetzte in den Baumstamm, der den Bären, optisch und mittig, teilte. Ein Stück Borke war mit ungeheurer Wucht gegen das vordere Schulterblatt des Bären geschleudert worden, hatte einen gut faustgroßen Bluterguss verursacht und das Beinahe-Opfer in einen ziellosen Schlenkertrab versetzt, unterbrochen nur von kurzen Ruhezeiten, die er unter dem Wind meist in Bodensenken verdämmerte.

Anfangs hatte er versucht, das schmerzhafte Pochen in der Schulter buchstäblich wegzudrücken, indem er sich an rauborkigen Stämmen rieb. Das half wenig. Aber die Empfindung, dass der Schmerz bei leichtem Trott weniger streng war als im Stand, schob ihn vorwärts, weit über die Anzahl von Schritten hinaus, die er dieser Tage, in denen es galt, den finalen Winterspeck anzusetzen, sonst zu tun bereit gewesen wäre.

Am Rande einer Lichtung konnte er einen Habicht überraschen, der eine Wacholderdrossel geschlagen hatte. Den Greif verscheuchte er mit einem kurzen Wischer seiner Pranke und verschluckte den Vogel am Stück. Keine große Sache.

Im Abenddämmerlicht desselben Tages stieß er auf einen fast zugewucherten Rückepfad, in dem sich Schlehen ausgebreitet hatten. Er kämmte die Beeren aus, indem er sich ganze Zweige durch die Schnauze zog, arbeitete sich die ehemalige Forstschneise voran, hob nur gelegentlich windend den massigen Schädel. Die Luft war rein.

Am elften Tag seines Unruhe-Zugs sah er nachts große Helle, von der aus ein starker Puls wilder Gerüche ausging. Er witterte, hoch aufgerichtet, schwenkte den Hals und befand den Horizont aus Licht und Geruch für ungut. Er trollte sich westwärts, roch das Meer, ohne zu wissen, dass es das Meer war, trottete weiter, bis der Geruch der großen Stadt nachließ, spürte, dass der Schmerz im Schulterblatt aufhörte zu pochen.

Am zwölften Tag fiel ein Regen, erst nur träufelnd, dann in gleichmäßigem Rauschen. Schließlich schien er eins zu werden mit der Feuchtigkeit, die sich zu Nebeltüchern verwoben vom Waldboden erhob.

Der Bär wusste, dass Regen ihn partiell geruchsblind machte. Er sollte also gar nicht erst versuchen, etwas mit der Nase zu erkennen. Er suchte und fand Unterschlupf; der aufragende Wurzelteller einer vom Sturm gefällten Buche bot hinreichend Regenschutz.

Seine Tatzen zuckten, als er im Traum einige Strecken seines Lebens zurücklief. Da war wieder die Bärin vom letzten Vorfrühling, die sich mit animalischem Furor auf ihn geworfen hatte, auf ihn, der zu spät bemerkt hatte, dass im

hohen Kraut hinter ihr zwei Bärenjunge tollten. Bären sind es nicht gewohnt, angegriffen zu werden. Der Bär hatte drei, vier harte Tatzenschläge gegen Schnauze und Hals eingesteckt und war nur äußerst knapp den gebleckten Reißzähnen der Bärin entgangen. Die folgenden Tage und Nächte hatte er alles, was ihn anwehte, auf die Geruchsumrisse von seinesgleichen gescannt, auch dann noch, als die Prankenkratzspur auf seiner Nase schon so gut wie vernarbt war.

Der dreizehnte Tag war windig und warm, sehr warm für einen fortgeschrittenen Herbst in nördlichen Breiten. Der Bär war schon mit Beginn der Abenddämmerung auf den Sohlen. Irgendetwas sagte ihm, dass dieses Hier und Jetzt gut war, wahrscheinlich gut genug für die Tage bis zum langen Schlaf und darüber hinaus. Er lief kleine Kreise, dann größere, stieß an nichts, das ihn störte, kontrollierte seinen eigenen Kot, befand ihn für gut. Kratzrisse an Baumstämmen gab es nicht. Auch das war gut.

Hier residierte mit großer Sicherheit kein Erstbesetzer des Geländes. Er hatte gerade begonnen, seinen kreisförmigen Erkundungstrott fortzusetzen, als ihm ein Geruch ins breite Bärengesicht schlug.

Er hatte diese Duftspur schon einmal in der Nase gehabt. Im letzten Frühherbst, als er mehr aus Unachtsamkeit denn zielstrebig in die Nähe von aufgerichteten, übel riechenden Gestalten geraten war, die es fertigbrachten, unter Absonderung bärenohrenbetäubender Geräusche Bäume zu kippen. Auch Waldarbeiter, nicht nur Norwegens Jäger und Hundeliebhaber, umgaben sich bisweilen mit Elchhunden.

Als sich der Bär zu voller Höhe aufgerichtete hatte und die Nase in großen kreisenden Bewegungen durch den Wind zog, verdichtete sich das Geruchsbild: Hund, groß, nah. Und dann, noch ehe der Bär den starken Rüden erspähen konnte, schlug der an.

Sven war der bessere Läufer von beiden, er lief langsamer, als er hätte können, um Flint nicht abzuhängen. Der Standlaut, den Rasputin gab, klang jetzt wie der Schlag auf eine japanische Taiko-Trommel, so als würde das Dong-dong von seinem eigenen Echo überrannt.

»Der hat was Dickes vor sich, das hör ich!«, rief Sven Olsen über die Schulter, »Ich halte mich mehr links, Rasputin weiß, wie er ihn mir stellen muss…«

Ein tiefhängender Weidenzweig fingerte Flint den Hut vom Kopf, er bückte sich, fand ihn nicht, lief weiter. Es galt, dabei zu sein. Was ist da schon ein Hut. Er blieb stehen, keuchte, hustete Schleim. Für Fernsicht würde er jetzt seine Brille aus der Innentasche seiner Franconia-Jägerweste wühlen müssen und dafür das Gewehr aus der Hand legen, aber zu all dem war keine Zeit. Er stolperte weiter, eine Gasblase aus Wut und Erregung stieg aus seinem Magen auf: Wut ob seiner schlechten Fitness, Erregung ob der Aussicht auf einen womöglich kapitalen Bullen.

»Da vorn! Mein Gott…da, da…« Svens Stimme fiel in sich zusammen wie ein schlecht geblasenes Jagdhornsignal.

Vor den zweien stand kein Elchbulle, sondern ein Bär, hochaufgerichtet auf seinen Hinterläufen, reckte ihnen Hals und Kopf entgegen, wischte dabei mit einer Pranke – beiläufig, wie es schien – nach dem Grauen Norwegischen Elchhund, der abwechselnd bellte und abgebremste Angriffssprünge unternahm. Der Bär fixierte den Menschen, der ihm am nächsten stand: Da war wieder einer von denen, die übel rochen und Schmerz bereiteten.

»Ich muss den Hund retten … du schießt erst, falls ich fehle!« Sven Olsen hatte sich wieder unter Kontrolle und sein Gewehr angepackt. Gute Schussdistanz. Der Schuss löste sich, exakt auf die Hundertstelsekunde in dem Bruchteil eines Momentes, in dem sein Hund, ermutigt durch die vertraute Stimme, zu einem hohen Scheinangriffssprung schräg aufwärtsschnellte.

Das Projektil aus der Browning X-Bolt traf Rasputin von hinten körpermittig, durchschlug den Hundeleib, verfehlte den Bärenkopf um die Breite einer senkrecht gestellten Hand.

Dann war es still. Der Bär war fort. Sven Olsen kniete sich neben Rasputin nieder, dem das Geschoss den Rücken gespalten hatte und schrie, schrie, wie er seit seinen Kindertagen nicht mehr geschrien hatte.

Der Winterschlaf, in den der Bär gesunken war – weit mehr erschöpft als schlafbereit –, war dünn wie das Fell eines frischgeborenen Elchkalbs. Sein Schlafatem zitterte, ließ ihn Mal um Mal windend und schnobernd aufschrecken. In den kurzen Intervallen der Halbwachheit wälzte er sich auf der Bärenhaut, die nicht dick genug unterfettet war, und jedes Geräusch, das an seine Ohren drang, tastete er nach Gefahr ab.

Zweimal hatte es unmittelbar neben ihm eingeschlagen. Einmal war Baumrinde krachend gegen seine Schulter geschlagen, einmal hatte es – gleichermaßen krachend – einen lästigen Angreifer zerteilt. Die Duplizität der Ereignisse hämmerte unter seiner Stirn wie Prankenschläge.

Die Schlafhöhle, in die er sich gerollt hatte, war bestenfalls eine Halbhöhle unter einer umgestürzten Fichte, die ihren Wurzelteller gegen den Himmel stellte wie einen großen, gespreizten Entenfuß. Wenn Regen aus Nordwest kam, und er kam meistens aus Nordwest, sammelte sich Wasser unter dem Bärenkörper. Von den Fichtenwurzeln, die hier Luftwurzeln waren, tropfte es, jede Wurzel hatten ihren eigenen Wassermusik-Rhythmus. Der Bär wartete mit dem Wiedereinschlafen, bis die Pfütze unter ihm versickert war.

Als Schnee fiel, plötzlich, dicht und reichlich, heizte seine Körperwärme einen bärischen Iglu frei, und er schlief fester, endlich tief. Sein Puls wurde zum gemächlichen Schlag, zu langsam und zu flach, als dass er in dem großen Körper hätte wiederhallen können.

Manchmal zogen Bilder an ihm vorüber. Da war wieder der Moment, in dem er sich einer Bärin, die unwiderstehlich duftete, nähern wollte und betäubt von ihrem Geruch und seinem Trieb vorwärtstrollte. Erst im buchstäblich letzten Moment – der Duft der Bärin hatte jede Geruchsspur überlagert – hatte er den gigantisch großen Artgenossen bemerkt, der sich in gleicher Absicht wie er, aber mit mehr Wucht und Nachdruck, der Bärin annäherte.

Er hatte in den weit geöffneten Rachen gestarrt, gespickt mit dolchigen, gelbweißen Zähnen, hatte den heißen Atem gerochen, hatte die Pranke gerade noch zeitig erkannt, wie sie in kurzer Ausholbewegung auf ihn zuflog. Rechtzeitig genug, um kurz abzutauchen.

Dem überragenden Großbären hatte es gereicht, dass er, der kleinere, sich mit einigen hastigen, seitlichen Fluchtsprüngen verdrückt hatte. Der Überbär hatte ihm sodann die angreifbare Rückseite gezeigt, als wäre ein Gegenangriff ausgeschlossen. Und er war ausgeschlossen. Das wussten beide.

Als der Schnee feucht und löchrig wurde von dicken Aprilregentropfen, die nur so schwer wurden, weil sie sich vor dem Fall in Kronengeäst versammelt hatten, erwachte der Bär, befreite sich mit einigen Prankenschlägen aus seiner Schlafhöhle, reckte sich, dass die starken Knochen knackten, und zog den Wind ein. Sie begann vielversprechend für ihn, die wärmere Jahreszeit. Eine süßliche Fäule lag in der Luft. Elchkadaver? Vielleicht auch ein verluderter Vielfraß, der im nassen Tiefschnee steckengeblieben war.

Er setzte sich in Bewegung, immer der Nase nach. Das Fell schlingerte wie ein zu großer Mantel über den ausgezehrten Leib, mit jeder Bewegung seiner Schultern vor und zurück. Über ihm, er bemerkte sie beiläufig, kobolzten Sumpfmeisen durch die Birkenkronen, die schon grüne Spitzen aus den Knospen schoben. Er roch einen Hauch von Grün. Dann wieder diese Süßfäule. Weil der Aasgeruch trotz seiner Annäherung kaum intensiver wurde, wusste er, dass nur noch wenig zu holen sein würde. Er schwenkte ab. Winzige Happen vergrößerten nur den Hunger.

Es würde gut werden. Und dass er der südlichste Braunbär Norwegens war und auf Pfaden ging, über die sich seit Menschengedenken kein Bär mehr getrollt hatte, wusste er nicht. Und wenn, es hätte ihn nicht interessiert.

Im nächsten Frühjahr stand bei der Elchhund-Leistungsschau in Trondheim das Porträtfoto eines ideal proportionierten Hundes im DIN-A1-Format. Die Tafel blockierte fast die Eingangstür der Ausstellungshalle. Wer wollte, und es wollten viele, konnte die Bildunterschrift in großen Lettern lesen: »Rasputin Fra Den Steinen. Der höchstdekorierte Elchhund der Welt. Vater von fünf als hervorragend bewerteten Würfen. Erschlagen von einem Bären. Du warst der Beste, Raspi! Sven Olsen«

Flint Petterson blieb länger als andere vor dem Epitaph eines Hundes stehen, las murmelnd »Erschlagen von einem Bären«, schüttelte den Kopf, aber so unauffällig, dass es keiner bemerkte. Er selbst im Übrigen auch nicht.

BIBER

Er hatte eigentlich alles richtig gemacht, was man als Biber und Wasserburgherr vor Einbruch des Winters richtig machen kann. Dass es dann doch nicht gut für ihn lief, lag an höherer Gewalt, sofern man menschliche Gewalt als höher einstufen mag.

An einem Frühwintertag Mitte Dezember hatte jemand mit langen Stangen das Nahrungsfloß aus Weidenzweigen zerstört, das der Biber vor dem Eingang zu seiner Burg aufgetürmt und befestigt hatte. Dieses geschickt verankerte Gewirr aus hochwertigen Nahrungshölzern wurde zerstochert und trieb dann in Fetzen und Haufen in die Mitte des großen Teiches, der nach irgendeinem Vorvorvor-Besitzer Homanns Teich hieß.

Er hatte gleich, noch in der Nacht nach dem Anschlag, versucht, die größeren Weidenholz-Inseln wieder zurückzuschieben und vor seinem Bau neu zu verkeilen. Aber ausgerechnet in dieser Nacht kam ihm der erste harte Frost des Winters in die Quere und legte einen scharfkantigen Kragen um den Teich. Also Baustopp.

Er tat das einzig Vernünftige. Er sparte Mühe und Körperfett, zog sich zu den Seinen in den Bau zurück, schob seine flache Stirn unter den warmen Bauch der Biberin und schlief. Doch er schlief unruhig, immer wieder rutschte er die steile Eingangsröhre hinab ins Wasser, untertauchte das noch dünne Eis und schob den wuchtigen Schädel an die

Luft, da, wo das Wasser von den oben liegenden Teichen einströmte und einen Halbkreis eisfrei hielt.

Den kleinen Whirlpool teilte er sich manchmal – meist in den Dämmerstunden – mit langbeinigen Vögeln, die regungslos im Wasser standen und mit ihm ein Schicksal teilten. Graureiher, von Teichbesitzern meist Fischreiher genannt, sind, genau wie Biber, unbeliebt. Die Vierbeiner störten die ordnungsgemäße Wasserführung durch ihre Dämme, die sie mit der gleichen Hartnäckigkeit aufschoben, wie sie der Fischwirt und Teichpächter zerstörte. Die Zweibeiner mit dem langen Schnäbeln standen unter dem Generalverdacht, die Fischbrut zu dezimieren.

Er hockte im Wasser, sah den frostigen Bodennebel, der die Sonne verhängte, sah den Schatten einer Sumpfohreule, die gerade ihre Jagdstunden hinter sich hatte und dem Auwaldrest am oberen Teich zustrebte.

Eigentlich war alles, wie es sein sollte. Aber auf seine Burg in der Bucht von Homanns Teich war ein Anschlag verübt worden. Es würde an ihm sein, sie zu reparieren. Die Biberin und die Kinder des letzten Sommers würden weiterschlafen und nur gelegentlich grunzen, was als Aufmunterung an ihn, den Baumeister, oder als Beschwerde über die unzeitgemäße Hektik durchgehen konnte.

Er wusste, was auf ihn zukommen würde. Vor allem galt es, die Weidenhölzer wieder einzusammeln, was schwer werden würde, jetzt, wo der Eiskragen von Stunde zu Stunde dicker wurde. Er blinzelte himmelwärts, als es der Sonne gelang, den Frostnebel ein Stück weit aufzureißen. Das Frühlicht ließ das Eis flirren. Zeit für ihn, die Bildfläche zu verlassen.

Er hieb seine großen Hobelzähne in einen Baumstrunk, den der Teichpächter als Fischbrutstätte ins fließende Wasser gelegt hatte. Er wollte den Geschmack loswerden. Immer noch war es ihm, als haftete seinen gelben Hauern etwas Ungutes an. Blut. Kein guter Geschmack für einen strikten Vegetarier.

Das letzte Mal, dass er Blut geschmeckt hatte, war gut ein Jahr her, und es war sein eigenes. Geschätzt zwanzig Biber-Tages-Fußwanderstrecken weiter östlich des Wassereinzugsgebietes, das Homanns Teich speiste, hatte er begonnen, einen Entwässerungsgraben in sein Gegenteil umzugestalten. Armdicke Weidenstämme hatte er gespitzt und senkrecht in den Bachgrund gerammt, sodass sie eine Art Spaliergitter bildeten. Den Widerstand, den die Stämme würden aushalten müssen, simulierte er mit der flachen Stirn, die er testend gegen die hellgrauen Prügel drückte, und befand, dass sie zu nachgiebig waren. Er flocht ein Rhizom von Teichrosen, das er aus einiger Entfernung aus einem Zierteich angeschleppt hatte, um die Einstichstellen der Weidenprügel und hinterlegte alles mit Bachkieseln, die er in Rückenlage schwimmend und in den Vorder*fingern* haltend herangebracht hatte.

In kurzen Abständen legte er sich vor seinen Rohbau und prustete sich aus beiden Nasenlöchern Zustimmung zu, sodass das niedrige Bachwasser Blasen schlug. Die Seichte des Bachwassers war es, die ihn auf Trab gebracht hatte. Wenn das Wasser wie geplant oberhalb der Dammbaustelle die Röhre zu seiner Burg überfluten sollte, damit der Zugang nur im Tauchgang möglich wäre, würde er den Wasserstand heben müssen. Die schwerere Arbeit, die Verklausung der Gitterstäbe mit Pappel- und Birkenästen, teilte er sich in kurze Schichten auf.

Der ganze Biber war gefordert. Das seichte Bachwasser ließ es nicht zu, Bauholz zu flößen, man musste es mit aller Kraft der Nackenmuskeln und der stämmigen Hinterbeine vorwärtszerren. Er wusste, wie man Kraft spart. Wenn sich ein Ast im Ufergestrüpp verfangen hatte, stemmte er sich erst dann ins Zeug, wenn er zuvor den widerständigen verhakten Zweig abgebissen hatte. Junge Biber wussten das nicht. Er aber war in seinen besten Jahren, und dies war nicht der erste Damm, den er baute.

Eines Abends standen vier Menschen um den Damm-Halbfertigbau und unterhielten sich.

Dreiviertel der Diskussion bestritt ein hagerer Mittfünfziger, der immer wieder ausgreifende Armbewegungen machte. Was er sagte, war ungefähr das: In diesen Kulturen steckt mein ganzes Kapital. Hunderte von Arbeitsstunden. Wenn der Biber das Wasser aufstaut, gehen alle Himbeersträucher, alle Johannisbeerkulturen und auch die Mirabellen übern Jordan. Ich habe Verträge mit der Marmeladenfabrik in Winsen an der Luhe. Das ist so sicher wie das Amen in der Kirche, dass das hier fürn Arsch ist, wenn alles dauernass ist. Ich bin weiß Gott Naturfreund, Tierfreund besonders. Den unteren Teil, da drüben, das habe ich extra wild gelassen, damit Rebhühner oder Eidechsen ’ne Chance haben. Aber keiner kann von mir erwarten, dass ich die Ernte drangebe, weil hier ’ne Sumpflandschaft entsteht und den Kulturbüschen die Wurzeln wegfaulen.

Einer, der den Halbfertigdamm aus allen Perspektiven fotografierte, nickte, dreimal, viermal, und als das Nicken zu einer zusammenhängenden Kopfbewegung wurde, da wurde die Rede des Beerenanbauers ruhiger und die Ruderbewegungen, mit denen er über seine Kulturen strich, ließen nach. Schließlich gab es einen Handschlag, der nichts Gutes bedeutete. Für einen Biber.

Der Biber war bei der Feinarbeit. Die war nicht körperlich anstrengend, aber anspruchsvoll und immens wichtig. Die Kuppe, die häufig überflutet wurde und die bei unsachgemäßer Bauweise nicht verhindern konnte, dass das Bauwerk von hinten unterspült wurde, diese Kuppe mörtelte er aus einem Gemisch aus Lehm, Kies und Maisstängeln.

Ab und zu prüfte er den Wasserstand. Wozu ein Wasserbauingenieur feines Messgerät in Anschlag gebracht hätte, das taxierte er, indem er die Wasserlinie abschwamm. Beim nächsten Regen würde der Bach die Eingangsröhre sicherlich um die Breite seiner Schwanzkelle übersteigen. Und noch bei Trockenheit würde es zum feuchten Einschlupf reichen.

Er wandte sich dem Kletter- und Rutschsteig zu, der zum Unterwassereinstieg führte. Dieser sollte einerseits glatt sein, um bequem ins Wasser rutschen zu können, andererseits leicht gewellt, damit man ohne Beschwerden aus dem Wasser hinaufsteigen konnte.

Aber irgendetwas störte und war da, wo bisher nichts war außer Gras und Lehm. Er stieß mit seiner schwarzglänzenden Nase gegen etwas von nie gespürter Glätte, rutschte voraus, hinter ihm war ein bedrohliches Geräusch. Er versuchte zu wenden, tauchte unter seiner eigenen breiten Kelle hindurch und saß fest. In der Falle war es nachtschwarz wie in seinem Bau.

Stunden später irrten Taschenlampenlichter in seinen Verschlag, der ihn von einer Seite zur anderen stieß.

Der Biber hatte sich in aufsteigender Panik eingekotet, und es gab kein Wasser, um sich die Klebrigkeiten abzuwaschen. Er hatte vergebens versucht, die mächtigen, gelben Meißelzähne in die Gefängnismauern zu schlagen, hatte sich gemüht, seine Stirn als Hebel gegen die Decke zu stemmen, so wie man es machte, wenn man den Bau nach oben erweitern musste. Schließlich war er in sich zusammengefallen, machte sich flach, so als könne das helfen, dem großen Unbekannten auszuweichen. Er schmeckte sein eigenes Blut, das aus einem Riss in seinem Zahnfleisch tropfte.

Das Geschuckel endete, und es wurde schlagartig hell. Menschenstimmen schlugen über ihm zusammen, und er schwebte unter heftigem Gerüttel ins Gras, ohne dass die Wände ihn zunächst freigaben. Was die Menschen sagten, leiser und unaufgeregter als zuvor, war ungefähr dies: Der Bach entwässert ins Kolbenmoor, das ist Naturschutzgebiet und staatlicher Grund. Also, mach dich davon, Alter, so gut wie hier erwischst du es nie wieder.

Dann war der Weg nach vorn frei, und er spurtete mit einer Geschwindigkeit voraus, die eigentlich jenseits seiner Möglichkeiten lag, aber es schien ihm notwendig, das Unmögliche zu vollbringen. Seine Kelle hing fast waagerecht in der Luft, die kleinen Ohren angelegt, wie sonst nur beim Tauchen oder Schnellschwimmen.

Er roch Wasser, beschleunigte über die Geschwindigkeit hinaus, die seine Hinterfüße – Schwimmfüße, keine Lauffüße – zuließen, strauchelte, überschlug sich und erreichte einen Bachrand, den er, plötzlich mehr Marder als Nager, übersprang, um dann mit ganzer Körperlänge aufs Wasser aufzuschlagen.

Endlich war er wieder in seinem Element.

Der Bach mäandrierte durch die eingefallenen Wände eines ehemaligen Torfstiches, der gleich nach dem Zweiten Weltkrieges aufgegeben worden war, und fiel dann, wenige Zentimeter, aber mit einigem Schub, in einen Moorteich mit huminbraunem Wasser, eingerahmt von Seggen, die wie Augenwimpern um eine schwarze, wässrige Pupille standen.

Er roch das Wasser.

Es roch anders als die Wässer seines bisherigen Lebens, holzig fast, so wie Birkenstämme, die im Wasser zerfallen. Als er sich auf einen Findling setzte, der im Ufermorast steckte, roch er noch etwas anderes, das ihm missfiel und ihn alarmierte.

Langsam, so als hielte ihn jemand an der großen Kelle zurück, glitt er wieder ins Wasser, nur um sich sogleich mit gedankenschneller Rolle um die eigene Längsachse wieder Richtung Ufer zu werfen.

Was er gerochen hatte, war seinesgleichen.

Der andere war kleiner als er, deutlich jünger, sicherlich weniger kräftig. Aber er schlug mit dem Furor des Revierherren zu, und der Wanderbiber spürte zwei Meißelzähne an seinem Oberschenkel, noch ehe er sich in Sicherheit bringen konnte. Er leckte sein Blut, es schmeckte schlecht.

Die folgenden Nächte, Regennächte zu seiner Erleichterung, schob er sich durch Gräben, durchschwamm Teiche, verdämmerte die Tage in Maisfeldern, entging nur knapp den Reifen eines Unimogs, der mit geschälten Fichtenstämmen im Schlepptau seinen Weg kreuzte.

Die Wunde an seiner hinteren Flanke verheilte schnell, aber die große Unsicherheit seit dem Tag, an dem er in Gefangenschaft geraten war, blieb, züngelte bis in seine Träume, ließ ihn aufschrecken und sich bis zur Besinnungslosigkeit müde laufen.

Schließlich geriet er in einen Graben, der sich zu einem großen Teich öffnete. Er umschwamm den Teich ufernah, fand ihn tauglich, fand keinen Geruch, der Zutritt verwehrte. Er war auf eine Weise zufrieden, wie vielleicht nur ein Biber zufrieden sein kann.

Cornelia Überling nannte sich selbst gelegentlich »Frauchen«. Das hatte damit zu tun, dass sie häufig, gern und ausdauernd über und mit ihrem »Labbi« sprach und wohl auch damit, dass sie in ihren Ansprachen an den Vierbeiner als »Frauchen« firmierte. Also hatte man im Dorf der Frau Überling den Namen »das Überfrauchen« angehängt. Wenn Frau Überling mit Labbi ihre Gassirunden drehte, meist nur ein Bogen um die Homanns Teiche, redete sie ununterbrochen auf den dreijährigen Labradorrüden ein, dem der Dauerlaut das feine Gehör umfächelte. Der Wortfluss tat dem Hund nicht weh und der Frau Überling gut. Es gab wenige, mit denen sich die pensionierte Deutsch- und Französischlehrerin im Dorf unterhalten konnte. Plaudern, ja, aber nicht mehr. Wirklich austauschen konnte sie sich mit ihrem früh verstorbenen Ehemann Eduard, einem zweisprachigen Franzosen aus Colmar, mit dem sie gemeinsam und simultan französische Literatur und deren Übersetzung las, um darüber zu wetteifern, wer am meisten Übersetzungsfehler findet.

Und wenn – was selten vorkam – in ihrem Beisein über ihr »Hündisch-Reden« gewitzelt wurde, zitierte sie einen prominenten TV-Hundetrainer, der da weiß: Hunde verstehen zwar nur begrenzt Worte, aber sie hören und »lesen« deutlich Tonlagen.

Als sie sich am fünfzehnten Tag des neuen Jahres ins Dorfgemeinschaftshaus zwängte, galten die Blicke der Versammelten nicht in erster Linie ihr, sondern Labbi. Beziehungsweise dem, was ihm fehlte. Frau Überling besetzte den einzigen noch frei gebliebenen Platz, gleich unterhalb des Stehpultes mit dem Mikrofon. Der für die Lokalpresse reservierte Platz war leer geblieben, fast so, als wäre er für sie reserviert.

Vierzehn Tage zuvor. Auf dem verharschten Schnee lag Hundekot, wie inszeniert und angerichtet. All das, was nicht in Plastiktütchen verschwunden war. Die Würste säumten die Teiche wegbegleitend, jeder Haufen ein wohlfeiles Argument für die nicht große, aber laute Hundehasser-Fraktion im Dorf. Von Labbi, das versicherte Frauchen jedem, der es hören wollte, und auch allen, die es nicht hören wollten, von »meinem Labbi ist noch kein einziges Kleckschen draußen liegen geblieben«. Das war wahr. Liegen geblieben war dagegen – unauffindbar in die Ufer-Seggen abgeschwemmt – seine linke Vorderpfote.

Frauchen war im Spätherbst nach Einbruch der Dunkelheit zu einer Gassirunde aufgebrochen. Ungewöhnlich spät, sie hatte Besuch aus dem Nachbarort gehabt, der länger als erwartet und schicklich geblieben war. Labbi war das recht. Vermutlich mehr als nur recht.

In der Dunkelheit tun sich andere Geruchswelten auf als die Üblichen, und das Wasser, für einen Labrador fast wichtiger als der feste Boden unter seinen Läufen, war im Dunkeln noch wässriger und aufregender als am Tag.

Frauchen hatte zwar erst heiter, dann drängend, schließlich in flehentlichem Ton angeregt, Labbi möge doch an Land bleiben. Aber ihr Hund war sich sicher: Er war, Dunkelheit hin oder her, genau an der Stelle zu Wasser gegangen, an der er immer zu Wasser ging – an einem buchtartigen Uferabschnitt, an dem die Teichpächter vom Angelverein *Pisces et Amici e. V.* badende Hunde tolerierten.

Der Hund plätscherte, lauter als bei Tag, so jedenfalls wollte es Frau Überling scheinen. Er schwamm ekstatische Kreise und ließ Wonnelaute hören. Es war ein 18. November. Zu mild für die Jahreszeit. Klimawandel, sagten die Leute. Und es war, das Schicksal neigt zu bösen Pointen, der Tag vor Frauchens Hochzeitstag, den sie auch in Abwesenheit von Eduard beging.

Sie ging gerade im Geiste die Dramaturgie des kommenden Tages durch – morgendlicher Friedhofsbesuch mit Gerbera, Eduards Lieblingsblumen, dann Lesen und Blättern in ihrem großen Urlaubsfotobuch, schließlich Vorbereitung des Flammkuchens, von dem sie, seit sie den Hochzeitstag allein beging, auch Eduards Portion aß. Das hätte auch er so gewollt.

Und dann geschah es. Heftiges Wassergepeitsche im Dunklen. Dann ein Aufschrei, so wie er in keinem kynologischen Standardwerk für hundemöglich gehalten würde. »Es war schrecklich«, um Frau Überling zu zitieren.

Der Vortrag *»Rückkehr mit Folgen – gehört der Europäische Biber wieder ausgebürgert?«* war interessant, aber zu lang. Und die Frage im Titel war natürlich rhetorisch. Der Referent war von der Unteren Naturschutzbehörde des Landkreises und Fördermitglied des WWF. Ein Mittvierziger, der einige Erfahrung im Umsetzen von Bibern hatte.

Das Dorfgemeinschaftshaus war bis auf den letzten Stuhl gefüllt. Biberfreunde und Biberskeptiker hielten sich in etwa die Waage.

Der Referent begann mit der Ausrottungsgeschichte »wegen des fast konkurrenzlos dichten Fells von *Castor fiber*«, streifte kurz die bekannte Schnurre, dass Biber unter Mönchen wegen ihres schuppigen Ruders als Fische galten und somit als erlaubte Fastenspeise, zeigte Folien zur neuerlichen Ausbreitung, unterstrich den Schutzstatus (»hoch!«), gab ein Riechfläschchen mit Bibergeil durch die Stuhlreihen (»geil! … wie Himbeereis!«). Und kam schließlich zu den »bibertypischen Schäden«, von denen er sagte, es gäbe Schäden und sogenannte Schäden.

Ein Potpourri aus überschwemmtem Kellern, Biberdammbruch, unterspülter Uferbefestigung und verklausten Mittelgebirgsbächen flimmerte auf das Publikum nieder. Und schließlich: Diskussion und Fragen an den Experten.

Frau Überling wartete, bis die mehr oder minder bohrenden Fragen durchgebohrt waren. Dann erhob sie sich – ohne zuvor eine Wortmeldung abgegeben zu haben, was für eine Studienrätin schon bemerkenswert ist – und sagte: »Attandez! Gib Pfötchen, Labbi!«

Der Hund erhob sich aus seiner Kauerstellung, setzte sich auf die Hinterläufe und reckte beide Vorderläufe vor. Dem einen fehlte das untere Drittel. »Das sagt wohl mehr als all die gelehrten Sachen, die wir heute zu hören bekommen haben. Der Biber ist eine Bestie, die nicht hierhergehört. Und wenn noch irgendeine Unklarheit darüber besteht, wer die Biberburg ins Wasser gestoßen hat … ich bitte um meine Festnahme und freue mich auf den Prozess.«

Es wurde geklatscht. Verhalten zwar, aber immerhin. Als die Versammlung aufbrach, setzte Regen ein. Ein Rauschen in den Lindenblättern, wie nur Landregen es anstimmen kann. Biberwetter.

Eine Zusammenfassung:
VON MENSCHEN UND ANDEREN TIEREN

Ich hatte – wo, weiß ich nicht mehr – diese Bibergeschichte gelesen. Und sie ging mir nicht aus dem Sinn. Sie ging mir deshalb nicht aus dem Sinn, weil ich mich mit dem Biber identifizierte, und man kann sich schlecht von sich selbst distanzieren.

Ein tapferer, kinder-heldischer Indianerjunge bittet seinen Freund, den Biber, einen Damm zu bauen, der dann eingerissen werden sollte, wenn die Indianerfeinde – üble weiße Schurken – kämen, um das Indianerdorf anzugreifen. Die Geschichte hatte ein gutes Ende, alle Schurken mussten ertrinken.

Ich habe das nachgespielt. Mit einem Kunststoff-Biber (damals sagte man Bakelit-Figur) und einem Indianer aus Ton, nebst etlichen subalternen grauen Soldaten, die bei mir die Bösen waren. Der aufgestaute Fluss war der Rinnstein vor unserem Haus. Einen Schurken hatte es ins Gully gespült. Das fand ich sehr in Ordnung.

Ich habe auch Wolf gespielt, und zwar über die Zeit hinaus, in der man Indianer und Cowboy spielt. Ehe man Pfadfinder wird, ist man meistens Wölfling. Ich wurde Wölfling im Hanstedter Pfadfinderstamm Wodans Ger des legendären »Dok« Ahlhelm. Meine Mitwölflinge waren praktischerweise auch meine Spielfreunde aus Grundschulzeiten. Wir bildeten eine Meute namens Gulin Bursti. Viel Rituelles, Romantisches, Fantastisches war Rudyard Kiplings »Dschungelbuch« entnommen. Und so wie Mogli von dem Wolfsrudel-Chef Akela adoptiert wird, standen uns ein oder mehrere Altwölfe (Pfadfinder) als Meutenführer vor.

Ich gehöre wahrscheinlich zu den wenigen, denen die Disney-Gestaltung der großen Tierparabel zwiespältige Gefühle bereitete. Einerseits: Ja, großartig! Ein Meilenstein der Animation! Andererseits legten sich – wie fehlfarbene Fotos – die disneysierten Gestalten über die Wölfe, Bären, Tiger, Elefanten, Panther meines Kopfkinos.

Später lernte ich mehr über Wölfe. Das war etliche Jahre, bevor die ersten nach Deutschland zurückkehrten. Unter vielem Erstaunlichen das vielleicht Erstaunlichste: Wölfe sind uns in ihrem Sozialverhalten weitaus ähnlicher als Schimpansen, mit denen wir vergleichsweise nahe verwandt sind.

Trotzdem, der Wolf wird scheel angesehen. Es gibt diese lateinische Drei-Worte-Sentenz »Homo Homini Lupus«. Der Mensch ist dem Menschen ein Wolf. Gemeint ist damit, der Mensch verhält sich seinem Mitmenschen gegenüber wie eine reißende Bestie. Welch eine Verleumdung … der Wölfe.

Ende der Neunziger hatte ich ein Erlebnis, das sich mir eingeschrieben hat: Im (wohlgemerkt: im) Forschungsgatter des Wolfsforschers Erik Zimen durfte ich, flankiert von zwei Wolfsschönheiten, kleine Runden laufen. Während ich schon bald ins Keuchen geriet, bewegten sich die beiden wie in Zeitlupe, unangestrengt. Wie Tumbleweed. Wie läuft ein Wolf? Der ganze Rücken unbewegt, keine überflüssige

Regung, Silent Running. Bewegungsästhetik und Charisma mögen für den Wolf sprechen. Aber dennoch: Er braucht Fürsprecher, und die geraten regelmäßig zwischen die Fronten. Mein Freund Ulrich Wotschikowsky, der einen Gutteil seiner letzten Lebensjahre in Sachen Wolf unterwegs war, wurde oft mit der Frage angerüpelt: »Brauchen wir denn überhaupt Wölfe, Herr Wolfsexperte?« Seine Antwort: »Wir brauchen auch keinen Enzian und kein Edelweiß und keine Opern und keine Kathedralen. Aber die Welt wäre ärmer ohne sie. Außerdem, wie können wir es uns erlauben, die Schöpfung infrage zu stellen?«

Der Schmerz über das große Sterben frisst mich an. Nicht nur mich. Wissenschaftler und Wissenschaftlerinnen sagen, und sie sagen es, weil sie es *wissen*: Der Riss des Netzwerkes aus Millionen Arten von Pflanzen, Tieren, Pilzen bedrohe das Leben auf dem Planeten Terra. Und das massiver, als es der Klimawandel (allein) könnte.

Da ist es wie Wetterleuchten vor schwarzer Wolkenwand, dass einige Arten so etwas wie ein *Comeback* haben, darunter so charismatische wie Luchs, Wolf, Bär, Kolkrabe und Biber. Aber auch Neuerscheinungen, die wir nicht auf dem Schirm haben: Waschbär, Goldschakal, Marderhund, Mink und Nutria.

Gibt es so etwas wie einen gemeinsamen, einen begründenden Nenner für den Erfolg der Wiederkommer? Ja.

Sollen Auswilderung oder Zuwanderung von Arten erfolgreich sein, müssen mindestens vier Bedingungen erfüllt sein. Erstens: Der Raum, in den hinein sich ein Rückkehrer oder

Neubürger ausbreiten soll, muss genügend erreichbare Nahrung bieten. Zweitens: Es darf keine übermächtigen Feinde, Konkurrenten und Jäger geben. Drittens: Der Lebensraum muss hinreichend Möglichkeiten zur Aufzucht von Jungen bieten, zum Beispiel ruhige, geschützte Räume. Viertens: Der Lebensraum muss eine Mindestgröße haben, die zwar schwanken kann, aber nicht beliebig unterschreitbar ist. Nahrungsangebot, Dichte von Fressfeinden und Konkurrenten sind hier regulierende Faktoren.

Diese vier *Muss* kann man an den Glorreichen Fünf durchdeklinieren, sie betreffen Bär, Luchs, Wolf, Biber und Rabe. Dennoch sind die Umstände und Gründe für die Rückkehr nicht deckungsgleich.

Für manche Zeitgenossen wird ein bestimmtes Kriterium zum Argument, wenn es um das »Bleiberecht« von Arten geht: Wer kam sozusagen auf eigenen Beinen oder Schwingen? Das sind Wolf und überwiegend Kolkrabe sowie neuerdings der Goldschakal. Und wer wurde gebracht, ausgewildert, freigelassen: Biber, Marderhund, Waschbär, Bartgeier und überwiegend Luchs. Der Braunbär hat, was Deutschland anbelangt, noch Kandidatenstatus.

Wölfe kehrten quasi auf alten Fährten in die Landschaften zurück, aus denen sie Menschen vor rund 150 Jahren weggerottet hatten. Die Wölfe, die seit Beginn der Nullerjahre Flachland-Deutschland unter ihre Pfoten nehmen, stammen – genetische Befunde erlauben sichere Zuschreibungen – ursprünglich aus dem Baltikum. In Polen, wo sich die Baltikum-Wölfe festgesetzt hatten, konnten sich Rudel etablieren, aus deren Mitte Individuen über Oder und Neiße nach Ostdeutschland abwanderten. 2018/19 bezifferten Experten für Deutschland: 105 Rudel, 25 Paare und 13 Einzelwölfe. Die »deutschen Wölfe« sind Teil der sogenannten zentraleuropäischen Flachlandpopulation, die – Westpolen und Nordostdeutschland zusammengenommen – um die 1500 Tiere zählt. Die Hauptwanderrichtung ist Nordwest – bei einigen auffälligen Abweichungen (siehe unten: Der Fall »Atlan«).

Seit einigen Jahren vergrößern sich die Bestände an Flachlandwölfen im Wesentlichen aus sich selbst heraus, aus örtlichen Ressourcen – deutlich weniger aus polnischer Zuwanderung. Wie macht Wolf das? Was kann er, was andere nicht können?

Dass *Canis lupus* sich vergleichsweise rasch in die Fläche ausbreiten kann, liegt nicht zum wenigsten daran, dass er sehr gut zu Fuß ist. Der besenderte Rüde Atlan legte 1500 Kilometer zurück: im groben Sinuskurven-Verlauf von nördlich Dresden nach südlich Danzig, dann südwärts bis fast nach Warschau, schließlich wieder nach Norden in den Raum südlich von Vilnius, Litauen.

Grund für solche Langstreckenmärsche ist in aller Regel ein »Wolfsgebot«: Junge, geschlechtsreife Tiere müssen ihr (bis zu zwölf Individuen* starkes) Rudel verlassen, nicht zuletzt deshalb, weil zu kopfstarke Meuten ihre Reviere übernutzen würden und sich damit in eine nicht nachhaltige Schieflage begeben würden.

Außerdem bestätigt sich einmal mehr, dass Populationen gesünder und stabiler sind, wenn Inzucht durch Abwanderung der Jungtiere vermieden wird.

Das erklärt aber nicht wirklich, warum sich gerade jetzt und nicht schon beispielsweise in den 50er Jahren des vergangenen Jahrhunderts Wölfe in Deutschland einstellen, ansiedeln, ausbreiten.

Da wäre zum einen die Versorgungslage. Das meint im Wesentlichen das, was man ohne dramatöse Übertreibung eine Schalenwild-Explosion nennen kann. Die Rehwildbestände, die in den Fünfzigern schon als stark überhöht galten, haben sich seither wahrscheinlich verdreifacht. Mit bedenklichen Folgen für Wälder, deren Jugend – vor allem Sprösslinge und frische Triebe – weggenibbelt wird; ungezäunt kommen in weiten Teilen von Wald-Deutschland nicht die Wälder hoch, die fast alle wollen, und die in jeder Staatsforst-Broschüre ausgelobt werden: artenreiche Mischwälder.

Schwarzwild, 18 Prozent der Wolfsnahrung in Deutschland besteht aus Wildschwein, gibt es heute mindestens zwölfmal mehr als 1970. Schafe schlagen mit etwa 1 Prozent am Gesamtspeiseplan zu Buche. Die Ernährungslage für zentraleuropäische Wölfe ist annähernd perfekt. Aber »selbst wenn man einem Wolf nicht 3, sondern 4 oder gar 5 Kilo lebende Beute pro Tag unterstellt, so wird doch deutlich, dass die Eingriffe von Wölfen in die Schalenwildbestände geringer sind als die der Jäger«, (U. WOTSCHIKOWSKY) die 2015 in Deutschland rund 1,2 Millionen Stück Rehwild zur Strecke brachten.

Ist der Wolf also ein geborener Rehspezialist? »Wahrscheinlich nicht. Der hohe Rehanteil – 53 Prozent des »Fleisch-Inputs« ist Reh – erklärt sich aus mehreren Gründen: Rehe sind häufig, sie sind überall, ihre Populationsdichte und ihre jagdliche Nutzbarkeit werden notorisch unterschätzt, sie sind leichter zu fangen als zum Beispiel Rotwild und nicht so wehrhaft wie Rot- und Schwarzwild.« (U. WOTSCHIKOWSKY)

Sicher ist: Die Rückkehrer werden gut satt.

Ein weiterer Faktor, der die Ausbreitungsbilanz positiv sein lässt: Wölfe dürfen laut Flora-Fauna-Habitat-Richtlinie *FFH 92/43* in Deutschland nicht ohne Weiteres abgeschossen werden. Das wird ein, wenn nicht gar *der* wesentliche Grund für die gelingende Wiederkehr von *Canis lupus* sein; und das, obwohl die Dunkelziffer illegaler Abschüsse nicht ganz unerheblich sein dürfte. Bisher, Stand Sommer 2020, gab es nur einen einzigen legalen Abschuss, den eines notorischen Problemwolfes, dessen Vorleben ihn jedwede Menschenscheu hatte vergessen lassen.

Und noch etwas bevorteilt Wölfe: Sie stellen nicht allzu hohe Ansprüche an ihre Habitate. Während Bären kaum mit sich handeln lassen, wenn es um die Qualität von Wäldern geht, kommt der Wolf mit unserer zerfledderten Kulturlandschaft mehr oder weniger zurecht. Hauptsache, satt und Rückzugsräume.

Womit Wölfe zu kämpfen haben, ist ihr schlechtes Image. Böser Wolf. Wobei das Böse, das Wölfische, natürlich dazu da ist, besiegt zu werden. Und so wie der Teufel in Volksmärchen und Sagen – trotz oder wegen seiner Furchtbarkeit – gern mal betrogen und ausgetrickst wird, zieht auch der »böse Wolf« in Fabeln und Märchen notorisch den Kürzeren: Siehe »Rotkäppchen«, siehe »Wolf und die sieben Geißlein«. Und in Goethes Epos »Reinicke Fuchs« gewinnt der körperlich unterlegene Fuchs dank fieser Tricks sogar im

Zweikampf gegen den starken, aber etwas tölpelhaften Wolf Isegrim. Und etwas belämmert, aber urkomisch schleicht der Wolf, in diesem Fall ein Werwolf, auch in Christian Morgensterns Gedicht »Der Werwolf« einher. Hier alle sechs Strophen, weil's so schön ist:

Ein Werwolf eines Nachts entwich
von Weib und Kind, und sich begab
an eines Dorfschullehrers Grab
und bat ihn: Bitte, beuge mich!

Der Dorfschulmeister stieg hinauf
auf seines Blechschilds Messingknauf
und sprach zum Wolf, der seine Pfoten
geduldig kreuzte vor dem Toten:

»Der Werwolf«, – sprach der gute Mann,
»des Weswolfs« – Genitiv sodann,
»dem Wemwolf« – Dativ, wie man's nennt,
»den Wenwolf« – damit hat's ein End'.

Dem Werwolf schmeichelten die Fälle,
er rollte seine Augenbälle.
Indessen, bat er, füge doch
zur Einzahl auch die Mehrzahl noch!

Der Dorfschulmeister aber musste
gestehn, dass er von ihr nichts wusste.
Zwar Wölfe gäb's in großer Schar,
doch »Wer« gäb's nur im Singular.

Der Wolf erhob sich tränenblind –
er hatte ja doch Weib und Kind!
Doch da er kein Gelehrter eben,
so schied er dankend und ergeben.

Es gibt nur wenige Wischbilder in der Weltkulturgeschichte, die den Wolf als Menschenfreund zeigen – etwa die sixtinische Wölfin, die Roms Stadtgründer Romulus und Remus säugt. Aber in aller Regel war und ist zum Teil noch immer der Wolf das Sinnbild des Schrecklichen, ist Scheusal und Höllenhund. So einer hat es schwer, kann nicht auf Willkommenskultur hoffen. Wolfsexperten sprechen, wenn die Rede von dem Wolf tief in unserem Stammhirn ist, denn auch vom »Rotkäppchen-Syndrom« – der Wolf als Kinderfresser und Oma-Vertilger. Da hilft auch keine statistisch belegte Wahrheit, als da wäre: Wölfe fressen keine Menschen. Aber weiß *Homo sapiens* das auch noch, wenn *Canes lupi* ihre martialischen Kauleisten zeigen?

Beim Luchs stellt sich einiges anders und insgesamt einfacher dar. Luchse sind, ausgeprägter und entschiedener noch als Wölfe, Rehjäger. Sich in die Nähe von oder in Herden zu begeben, scheint nicht ihr Ding zu sein.

Wie alle Beutemacher suchen und finden Luchse das richtige Verhältnis von Aufwand und Ertrag: Möglichst viel Eiweiß, ohne dafür hart und mit viel Energie-Einsatz kämpfen zu müssen. Anschleichen und Kurzsprint sind da eine probate Methode. Männliche Luchse, sogenannte Kuder, brachten es im Bayerischen Wald im Jahresdurchschnitt auf

46 Rehe und 10 Stück Rotwild, Letztgenannte überwiegend Jungtiere.

Die 46 oder mehr Rehe würden dem Luchs auch traditionelle, dem Hegegedanken verpflichtete Jäger gönnen, wenn die Katze nicht ein so empörendes Auswahlkriterium hätte: Sie beschleicht das Tier, das ihr am nächsten steht, nicht unbedingt das schwächste. Das nächsterreichbare kann da sehr wohl der »Erntebock« sein, den sich ein Hegejäger für seinen waidmännischen Lustgewinn aufgespart hat. Daher ist Lynx zumindest tendenziell Feind. Schlimmer noch: Jagdschädling.

Und auch in Literatur, Semantik und Emblematik sammelt der Luchs eher Minuspunkte. In Grimms Deutschem Wörterbuch steht vermerkt, dass »ein alter Luchs« ein »hinterlistiger Mensch« ist; in der Redewendung »jemandem etwas abluchsen« ist davon noch etwas hängengeblieben.

Die Wiederkehr der Luchse ist, anders als die der Wölfe, unmittelbar von Menschen veranlasst. Luchse wurden aus Gehegen ausgewildert. Die ersten Rückkehrer nach Deutschland beobachtete man in den Fünfzigern, wobei es sich bei diesen Vorboten wohl um heimlich Freigelassene handelte. Ihre Spur verliert sich schnell, wahrscheinlich vor Jagdgewehren. In den folgenden Jahrzehnten wurden immer wieder Luchse ausgewildert, im Bayerischen Wald, aber auch im Harz. Alles in allem erfolgreich. Luchse im Pfälzer Wald sollen sich Richtung Vogesen ausbreiten, so die Hoffnung französischer und deutscher Luchsfreunde.

Die großen Katzen sind allerdings »vergleichsweise schlechte Disperser, also Verteiler. Alle in Mitteleuropa vorkommenden Populationen wurden durch Wiederansiedlung begründet.« (HEURICH) Das Streifgebiet von Bayerwald-Luchsen wurde mit 445 für männliche beziehungsweise 122 Quadratkilometern für weibliche Tiere ermittelt. Generell gilt: Je besser die Versorgungslage, desto kleiner kann das Revier sein.

Fragt man Wildbiologen, wieso sich die Ausbreitung des Luchses trotz guter Bedingungen – Deutschland ist zu einem Drittel waldbedeckt, und es gibt aberwitzig viele Rehe – so langsam vollzieht, hört man zweierlei: Die Zahl der Straßenverkehrstoten ist hoch. Stimmt. Und illegale Abschüsse sind keineswegs nur die krasse Ausnahme. Stimmt wohl leider auch.

Fragt man sich oder besser noch einen verständigen Jäger, warum überhaupt auf Luchse angelegt wird, erfährt man etwas über Wenn-dann-Beziehungen. Zunächst: Natürlich verringern ein paar oder ein paar mehr Luchse, aufs Ganze gesehen, nicht die Rehbestände. Aber die Anwesenheit von Luchs und auch Wolf mache Rehe scheuer, heißt es, und scheuer heißt: schwerer zu bejagen.

Von US-Wildbiologen übernahm die deutsche Jagdpresse den Begriff »landscape of fear«: Landschaft der Angst. Wo große Beutemacher umgehen, wird das schon von Haus aus schwierige Geschäft, Rehbestände einzudämmen, noch ein Stück schwieriger, weil sich Rehe – in permanenter Furcht befangen – nicht mehr so recht ins Freie trauen, wo sie der Ansitz-Jäger erwischen kann.

Das mag so sein, und es ist doch nicht die ganze Wahrheit: Die traditionelle Ansitzjagd, also Schießen vom Hochsitz aus, vermag die Überpopulation an Rehen nicht einzudämmen. Was hülfe, wären mehr Drückjagden; Treiber drücken, mit oder ohne Unterstützung durch freilaufende Stöberhunde, das Wild auf eine Kette von guten Schützen zu. Das kann natürlich nur funktionieren, wenn solche Jagden revierübergreifend angelegt und durchgeführt werden.

Und genau das ist bei hegenden, revierpachtenden Jägern meist unbeliebt. Man muss seine territoriale Hoheit aufgeben, und man läuft Gefahr, sich als Jäger zu outen, der nur gut und gemächlich aufgelegte Hochsitz-Schüsse in petto hat, nicht aber den sicheren Schuss auf bewegtes Wild, das allenfalls kurz verhofft und witternd stehen bleibt.

Kleines Aber: Wild, das in seinen letzten Lebensmomenten großen Stress hatte – und das ist bei Drückjagd schlechterdings nicht zu vermeiden –, schmeckt schlecht.

Und noch etwas kommt dazu. Rehe sind – zumindest in ihrer Größen- und Gewichtsklasse – Europameister im Sich-Verstecken. Jäger meinen meist, sie wüssten, wie viele Rehe in ihrem Revier stehen. Sie wissen es nicht. Seriöse wildbiologische Untersuchungen in unterschiedlichen Revieren haben belegt, dass auch erfahrene Jäger, die sich in ihrem Revier gut auskennen, den Rehbestand erheblich unterschätzen.

Die einzig verlässliche Methode wäre, die Rehwild-Dichte nach Verbiss einzuschätzen. Beispielsweise so: Wo Leckerbissen wie Hasenlattich oder Waldweidenröschen gut oder nur schwach verbissen aufwachsen, gibt es keine Reh-Überpopulation; wo hingegen diese normalerweise nicht seltenen Pflanzen an ihren typischen Standorten fehlen, gibt es zu viele Äser. Aber genau diese Messmethode à la nature ist in vielen Jägerkreisen unbeliebt. Ungleich leichter ist es da, den unzulänglichen Abschusserfolg diversen Störern anzulasten: Waldspaziergängern, Joggern, Pilzesammlern, Bikern. Oder eben Luchs und Wolf.

Die Devise Wald vor Wild wird zwar – zumindest dann, wenn es um offizielle Verlautbarungen geht – von den meisten Jägern unterschrieben. Aber die Praxis ist oft eine andere. Es kann nämlich bei sinkenden und fast immer zu niedrigen Holzpreisen ertragreicher sein, einen Wald, der vom Wild stark geschädigt ist, an Jäger zu verpachten, als Holzernte zu halten.

Also Wild vor Wald.

Dennoch: Es scheint unter Jägern die Erkenntnis an Boden zu gewinnen, dass die beiden großen Beutegreifer, Wolf und Luchs, in Jagdrevieren keine nennenswerten Schäden anrichten. Im Gegenteil. Die alte Weisheit »Wo der Wolf geht, sprießt der Wald« wird wieder zustimmend zitiert. Über 90 Prozent der Wolfsbeute besteht aus Schalenwild (von dieser Gesamtmenge entfallen 53 Prozent auf Rehe, 21 Prozent auf Rotwild, 18 Prozent auf Schwarzwild). Auf Schafe entfällt 1 Prozent. Die Nicht-Schafe unter den gerissenen Nutztieren zählen in dieser Aufstellung (nach C.WAGNER et alii, 2012) im Zehntel-Prozentbereich, eine statistisch irrelevante Größe.

Aber nicht für den, der betroffen ist. In Mitteleuropa wurden dort, wo sich Wölfe wieder eingestellt haben, die Nutztier-Risse genau registriert und untersucht. Setzt man alle Nutztier-Risse als 100 Prozent, entfallen 90 auf Schafe, 6 bis

8 Prozent auf Ziegen; Rindvieh und Pferde wurden mit zwei Prozent notiert (alle Zahlen nach DANIEL METTLER).

Der Anteil, den Nutztiere am Gesamtnahrungsaufkommen der zugewanderten Wölfe haben, mag gering sein, doch dort, wo er anfällt, schlägt er Wellen der Empörung, der Wut und auch der gut nachvollziehbaren Besorgnis.

Warum sich Wölfe überhaupt an Schafe heranmachen – zumal sie als lernfähige Prädatoren schnell begreifen, dass die Sache für sie nicht so ganz unproblematisch ist –, liegt tief in die Wolfs-DNA eingeschrieben. Wölfe sind nicht heroisch oder fair, sie haben ein Faible für wehrlose Beute. Während ein Keiler oder ein Hirsch einen jagenden Wolf erheblich verletzen kann – ein verletzter Einzelwolf ist oft zum Hungertod verurteilt –, sind Schafe so etwas wie herumstehende Fertignahrung. Aus der Sicht eines Wolfes sind Schafe Sonderangebote: leicht zu fassen, gut zu fressen.

Für Schäfer und andere Tierhalter können Wölfe daher zu echten Albtraumgestalten werden. Besonders dann, wenn Weidetiere nicht oder nur unzureichend gezäunt in Gebieten gehalten werden, die zum Streif- und Jagdgebiet von Wölfen gehören.

Der Staat, der auch dem gültigen Schutzstatus für Wölfe Rechnung tragen muss, bietet finanziellen Schadensausgleich für »beglaubigte« Wolfsrisse an. Im Ernst- und Regelfall muss, bevor Geld fließt, ein Experte gutachterlich feststellen, dass ein Wolf und nicht etwa ein wildernder Hund zugeschlagen hat.

Hirten und Tierhalter interessieren sich aber nicht nur für Kompensation, sondern mehr noch für Prävention. Also: Wie kann man verhindern, dass Wölfe dort Beute machen, wo das ganz und gar unerwünscht ist? »Herdenschutz – vorausschauende Schadensminimierung« ist der amtliche Sammel- und Arbeitsbegriff für ein ganzes Arsenal von mehr oder minder wirksamen Abwehrmaßnahmen.

Das älteste, nachgerade archaische Mittel ist die Behütung von Tieren durch Schäfer, unterstützt von Schäferhunden. Bei Tage ist das ein absoluter Schutz. Wenn die Tiere – wie etwa die Heidschnucken im Naturpark Lüneburger Heide – dann noch die Nacht in Ställen verbringen, haben Wölfe absolut das Nachsehen.

Anders stellt sich die Lage dar, wenn Nutztiere nicht behütet werden und nicht zwischen schützenden Wänden die Nacht verbringen. Dann gibt es prinzipiell nur zwei Möglichkeiten: fernhalten durch Zäune oder verjagen.

In dieser Reihenfolge: Zäune, elektrisch geladen oder nicht, bieten relativen Schutz, aber keinen absoluten. Wölfe – nicht alle, aber besonders begabte Individuen – lernen, sie zu überwinden, unterwühlen oder zu überspringen. Und in Gegenden mit hügeligen Reliefs ist es mühselig bis unmöglich, ein Areal zu zäunen, das für eine vielköpfige Herde groß genug ist.

Und wie steht es mit dem Verjagen? Vielhundertjährige Erfahrungen mit Herdenschutzhunden (nicht zu verwechseln mit Hütehunden!) erlauben das Fazit: Da geht was! Herdenschutzhunde werden inmitten der Herde geboren, wachsen dort auf und halten sich für Schafe. Das ist wohl der wesentliche Grund dafür, dass sie »sich« –, also sich selbst als vermeintliches Schaf und ihre Mitschafe – mit tödlicher Entschlossenheit und Hartnäckigkeit verteidigen. Ein kleiner, unter Umständen aber gar nicht mal so unbedeutender Nebeneffekt: Sie verteidigen auch gern mal gegen Menschen, die sich der Herde nähern. Berühmte Herdenschutzrassen sind Kangal, Kuvasz, Maremmano, Pyrenäen-Berghund.

Gemischte, aber überwiegend gute Erfahrungen hat man mit den »Neuweltkameliden«, Lamas und Alpakas, sowie Eseln gemacht. Es scheint nicht ganz leicht zu sein, sie in Schafherden zu halten; es gibt aber (sogar Video-)Beweise, dass Esel angreifende Wölfe zum Rückzug veranlassen. Zugute kommt dabei Herde und Herdenbesitzern, dass Esel grundsätzlich Caniden nicht mögen. Als besonders effizient erwiesen sich Eselstuten mit einem Jungtier, von dem sie alles, was wölfisch oder auch nur entfernt wölfisch daherkommt, fernzuhalten trachten.

Im Jahr 2016 haben 78 (deutsche) Wolfsrudel und -paare in 20 bekannten Übergriffen etwas mehr als 1000 Nutztiere getötet. Das mag wenig erscheinen, aber Tierhalter und Landwirtschaft halten eine andere Zahl hoch: Die Kopfzahl der Wölfe in Deutschland soll sich pro Jahr um 30 Prozent erhöhen. Natürliche Feinde haben die Heimkehrer hierzulande nicht – von Parasiten einmal abgesehen.

Es wird also – so wird von den einen befürchtet und von anderen gehofft – in absehbarer Zeit jedes potenzielle Wolfsrevier die Heimat eines Rudels oder eines Paares sein.

Die häufigste Todesursache von Wölfen, die nicht an Altersschwäche sterben, sind, laut WOTSCHIKOWSKY, aggressive Auseinandersetzungen mit anderen Wölfen, Revierstreitigkeiten. Verluste durch Straßenverkehr – etwa ein Tier pro Rudel alle zwei Jahre – halten sich in Grenzen. Was illegale Abschüsse anbelangt (konservative Schätzung: ein Tier pro Rudel alle zehn Jahre), sprechen Experten von erheblichen Dunkelziffern in schwer abschätzbarer Größenordnung.

Der Ruf nach Abschuss, zumindest von sogenannten Problemwölfen, kommt nicht nur von Menschen, die materielle Interessen beziehungsweise Befürchtungen geltend machen. Keineswegs selten wird die Urangst vor der Bestie aus dem dunklen Wald aufgerührt. Und der eine oder andere Waidmann fühlt sich da zum Beschützer aufgerufen. Der Jäger aus Grimms Märchen, der Rotkäppchen und Großmutter aus dem Wolfsbauch befreit, lässt grüßen.

Zwar ist eigentlich hinlänglich bekannt, dass Wölfe keine Menschen anfallen, dass sie uns, wenn irgend möglich, aus dem Weg gehen. Eigentlich! Es sei denn, wir verlocken sie auf Abwege. Das Dümmste, was wir tun können, ist Wölfe anzufüttern und ihnen damit beizubringen, dass es sich lohnt, die Distanz zu uns zu verringern. So erzieht man Problemwölfe, die für Schlagzeilen sorgen. Dasselbe gilt für Bären. Bruno, der ausgestopfte Ex-Problembär, der im Münchner Jagdmuseum in der Kaufingerstraße steht, sei mein Zeuge!

Die »Entnahme« – Abschuss auf gut Deutsch – von Einzelwölfen bringt wenig oder nichts. Zumindest dann nichts, wenn man es auf Ausdünnung der Gesamtpopulation anlegt. Erwischen würden Jäger in der Mehrzahl der Fälle abwandernde Jungwölfe, die auf der Suche nach einem eigenen Revier sind. Diese Gruppe hat, verglichen mit Rudeltieren oder Paaren, die höchste Sterblichkeit. Wolfsjäger würden also zu einem Gutteil Wölfe zur Strecke bringen, die auch ohne ihre freundliche Hilfe verschwunden wären. Bildlich gesprochen, man schöpft eimerweise dort, wo das Wasser sowieso verdunstet.

So weit so gut, oder so schlecht. Denn vielleicht ist »der« Wolf gerade dabei, sicher Geglaubtes – als da wäre: Er greift keine behütete Herde an, und er dringt nicht in Herden von Großpferden ein – über den Haufen zu rennen.

Im Monat Juni 2020 erscheint das Handy-Videodokument des Heideschäfers Jürgen im Internet, das einen Wolf zeigt, der bei gutem Tageslicht enge Kreise um ihn, den Schäfer, und seine Heidschnuckenherde zieht. Der Schäfer erhielt anonyme Morddrohungen von »Tierschützern«. Tierschützern in Anführungszeichen, weil sie sich zu Anführern der Mordhetze machen; der Verein Naturschutzpark, Arbeitgeber von Schäfer Jürgen, riet dringend dazu, den Clip aus dem Netz zu nehmen.

Gleicher Monat – grob gleiche Gegend: In der »FAZ« vom 25.6. 2020 findet sich ein Artikel über einen nicht nur versuchten, sondern abgeschlossenen Angriff auf eine Pferdeherde:
»Reiter, Züchter, Pferdehalter sind in Aufruhr. Dass vor einigen Tagen in Niedersachsen, im Zuchtgebiet der Hannoveraner, ein Wolfsrudel eine Herde von zehn Tieren auf der Weide angegriffen hat, ist eine furchtbare Neuigkeit für sie. Bisher gingen alle davon aus, dass die Raubtiere sich an eine Herde Großpferde nicht wagen würden – nun ist es im Raum Nienburg passiert.

Auf der Flucht vor den Angreifern brachen die Pferde durch den – ordnungsgemäßen – Weidezaun. Schon an Ort und Stelle wurde einer der Jährlinge durch Bisse in die Kehle getötet, ein anderer starb auf der Flucht. Ein drittes Pferd wurde so schwer verletzt, dass man noch nicht weiß, ob es gerettet werden kann. Das Ereignis fand im Territorium des ›Rodenwalder Wolfes‹ statt, der gelernt hat, Schutzzäune zu überwinden, der sogar Rinder auf der Weide reißt und dieses seinen Rudelmitgliedern beibringt. Er war zwar – eine Ausnahme – monatelang zur Jagd freigegeben, aber die Aktion, die von höchster Stelle im Umweltministerium betrieben wurde, blieb ohne Erfolg.«

In einem offenen Brief an Niedersachsens Umweltminister Olaf Lies fordert die Deutsche Reiterliche Vereinigung (FN) Taten – »Aufnahme des Wolfes ins Jagdrecht« –, weil sonst »diese Raubtiere … womöglich eines Tages jegliche Scheu vor Menschen verlieren«.

Ob Wölfe unter Feuer die Zähne von Nutztieren lassen, ist eine Frage, die derzeit keiner seriös mit Ja oder Nein beantworten kann. Also doch wieder Mensch versus wilde Kreaturen?

Apropos Kreatur oder anders, Geschöpfe: Mir hilft es bei der Gesamtdaseinsbewältigung, dass ich Kreaturen um mich habe. Da ist Djamila, die Eurasierdame, die sehr wölfisch aussieht und der ich beim Buchstabieren zuschauen kann, wie sie jede meiner Regungen und Bewegungen zu lesen trachtet, um entweder schwanzwedelnd oder mit gesenktem Kopf auf Fragen zu antworten, von denen ich noch nicht mal wusste, dass ich sie gedacht habe. Oder die Spatzen-WG über der Regenrinne, mäßige Flieger, perfekte Gebüschschlüpfer, Freunde – vor allem, seit ich absichtlich beim Semmelessen im Garten krümele.

In unserm Dorf mit grünem Umland kann man herumspazieren, ohne jemandem auch nur auf drei Meter nahe zu kommen. Wäre die alte Frage – über die ich schon zu Anfang meiner Gymnasialschulzeit einen Deutsch-Besinnungsaufsatz schreiben musste –, also wäre die alte Frage nicht schon lange entschieden, wäre sie es jetzt; die Frage, die da lautet: Willst du lieber auf dem Land oder in der Stadt leben? Land. Ich sehe Land.

Im Bergahorn, der als nordöstliche Bastei meines Gartens da steht, nisten Rüttelfalken. Womit habe ich das verdient? Faszinierend, wie sie in reißendem Flug bis unmittelbar vor ihren Horst, ein ehemaliges Elsternnest, heranpfeilen und keinen Meter brauchen, um sich abzufangen und in den Horst zu wippen.

Am Abend, ARD-»Tagesthemen«. Bilder von Tieren, die in Städte, teils in Großstädte, zurückkehren. Angelockt vom Lockdown. Ein Panther besucht eine Südstaatenstadt: eine Großkatze, die an öden, downgeshutteten US-Vorgärten und an bewegungslosen Spritsäufern vorbeifedert. Wildschweine, die auf einer Verkehrsinsel in Hannover-City die Bäuche in die Sonne halten. Freund Christian Kaiser hat in Hamburg-Ottensen einen Uhu fotografiert, der im Morgengrauen auf einem Wellblechdach sitzt – so, als wären es Schieferplatten im Fichtelgebirge. Naturverschiebung. Die

Körnchen der Sanduhr rieseln aufwärts für ein paar lichte Momente.

Ein Stück namens »Dennoch« wird von realen Akteuren aufgeführt, Untertitel »Wiederkehr der Totgesagten«. Alle Vögel sind noch da. Nachtigallen heulen und Wölfe singen. Oder umgekehrt. Wir müssen uns Mut machen, denke ich. Wir müssen uns Mut antrinken mit diesen Bildern. Es gibt ja tatsächlich Tiergestalten, die zurückkehren. Nicht nur Wolf und Luchs. Dennoch-Tiere.

Dieses Prinzip Dennoch, dieses Weiterkämpfen, auch wenn einem jeder Klimatologe inzwischen vorrechnen kann, dass wir den Point of no Return überschritten haben, das ist es wohl, was uns zu leben bleibt. Egal, ob es heiß oder kalt kommt.

Es gab eine Zeit, und sie ist noch kein ganzes Menschenleben her, als Winter noch Winter waren. Winter von der Art, wie sie heute nur noch auf Adventskalendern zu finden sind mit schneezöpfigen Tannen und Eiskristallen, die einen Sternenhimmel ganz parterre ausbreiten. Ich war Wauk, meinem Braunbär, in den verschneiten Garten gefolgt. Oder er mir, das ließ sich nie genau unterscheiden, kam aber aufs Gleiche raus.

Wir gruben uns Schneehöhlen, denn ich wusste schon mit acht Jahren, dass Braunbären Höhlen brauchen, um darin den Winter zu verdämmern.

Wauk brauchte eine Höhle etwa so groß wie mein Kopf, er war ein Bär, kein Teddybär, aus der Linie Steiff. Den Knopf im Ohr hatte ich entfernt, weil ich der Meinung war, dass Abzeichen im Ohr vielleicht zu Rindern passen, aber nicht zu Braunbären. Ich konnte seine Sprache oder er meine. Auch da will ich mich heute, 60 Jahre später, nicht festlegen. Wauk hatte ein etwas eingeknicktes linkes Vorderbein, Tribut an wild durchspielte Sommer, und sein Fell war unter der Sonne von Braun auf Braungrau verwittert.

Er war sicherlich der klügste Bär der 50er Jahre, etwa so klug wie ein achtjähriger Mensch. Aber es passierte dennoch, dass er in der weißen Wildnis zwischen Boskop-Apfelbäumen und Haselnusshecke verlorenging. Er war plötzlich unbegreiflicherweise fort. Und obendrein hatte es noch heftig zu schneien begonnen.

Ich durchstöberte den ganzen Garten, schob jeden Schneebuckel mit den Schuhen auseinander und sackte, als es dunkel wurde, zu Hause wimmernd zusammen. Wauk war verschwunden. Und er war schließlich kein Eisbär, der mit extremen Verhältnissen klarkommen konnte. Er war Braunbär und an Kinderspielzimmer-Temperatur angepasst.

Ich schlich mich im Dunkeln heimlich wieder raus, mit Taschenlampe und in zu dünnem Hemd. Die Quittung war eine schwere Erkältung mit Fieber, und das ohne Wauk auf meinem Kopfkissen. Bett hüten war angesagt. Ich flehte meine Schwester Andrea an – erfolgreich, glaube ich –, für mich weiterzusuchen. Aber Wauk blieb verschwunden.

Pünktlich zu der Zeit, zu der Braunbären ihre Höhlen verlassen, setzte Tauwetter ein. Wauk tauchte an einer Stelle auf, von der ich meinte, sie Dutzende Male abgesucht zu haben. Er war wieder da. Er lebte. Und ich lebte auf.

Ich erinnere mich noch gut daran, dass ich in den späten Fünfzigern meine Spielfreunde Mal um Mal zu bewegen trachtete, Löwe, Tiger, Panther zu sein, während meine Rolle feststand: Braunbär. Und als Bär bin ich östlich der Schmalen Aue durch den Garlstorfer Wald und westwärts über den Hanstedter Töps gestampft. Vielleicht war ich dem Kreatürlichen nie wieder so nahe wie damals in meiner Bärenzeit.

Die Fähigkeit, mich – spielend – in einen Bär zu verwandeln, habe ich verloren. Aber die Faszination Bär ist mir geblieben. Und als mir ein norwegischer Freund von seinem Elchhund erzählte, der dann in den letzten Minuten seines Lebens ein Bärenhund wurde, war fast alles wieder da, um sich bärig zu fühlen.

Ich war auch mal Bärin, die ihre Jungen auf die Bäume scheuchte, weil Wölfe in ihrem Revier herumhechelten. Die Wölfe waren die anderen, Hansi Ehrhorn, Volker Ehlers, Jürgen Solchinger, Wolfgang Kabbe und in den Sommerferien bisweilen Hamburger Jungs, die »auf Landverschickung« in unser Heidedorf kamen. Die Hamburger Jungs waren härter als wir. Aber im Wald waren sie hilf-, weil orientierungslos. Wenn man sie irgendwo unter Buchen oder Birken stehen ließ, davonrannte und sich versteckte, waren die toughen Elbmöwen hilflos wie aus dem Nest gefallene Blaumeisenjunge.

Als man den Braunbären zum Teddybären machte – die weltweit erfolgreichste Verplüschung eines Tieres – war entscheidend dafür, dass es in unserer verinnerlichten Ikonographie das Bild des aufrecht stehenden Bären gab. Ein Braunbär steht zwar nur gelegentlich auf seinen Hinterbeinen, aber wenn, bietet er sich in menschlicher Pose dar. Das mag der

Mensch. Außerdem hat der Braunbär »ein ansprechendes Gesicht, auch wenn es gar nichts sagt«. (J. REICHHOLFF).

Anders als Wölfe oder große Katzen hat *Ursus arctos* kein Mienenspiel. Umso besser lässt sich – spielend, spielerisch – jede Menge Ausdruck und Gefühl hineinlesen. Und dann umweht Braunbären auch noch die Aura von Gemütlichkeit und Gemütsruhe – unbeschadet der Tatsache, dass sie, wenn's drauf ankommt, 50 Stundenkilometer im Sprint schaffen und ausgezeichnete Langstreckengeher sind.

In Fabeln, Märchen und Geschichten haben Bären oft die Obelix-Planstelle inne: stark, plump und in puncto Gehirnschmalz etwas unterbuttert. In Goethes Epos »Reinicke Fuchs« wird der Bär namens Braun aufs Übelste übertölpelt; der schlaue Fuchs schafft es spielend, Braun bei seiner Honignaschsucht zu packen und in einen gespaltenen Baumstamm einzuzwängen. Und der berühmte Pu von Alex A. Milne nennt sich selbst einen »Bär mit sehr kleinem Verstand«.

Apropos Verstand und Verständlichkeit: Warum der Bär, in direkter Opposition zum Bullen, als Bedeutungsträger für fallende Börsenkurse dasteht, findet sich nirgendwo nachvollziehbar erklärt. In bildlicher und plastischer Auffassung des Gegensatzpaares Bulle/Bär erscheinen der Bulle angriffslustig und der Bär zögerlich, ängstlich bis defensiv. Was will uns das sagen? Ein domestiziertes männliches Rind ist der Bedeutungsträger für Wagemut, Investitionsbereitschaft, Aufschwung; und das stärkste wildlebende Tier Europas, der Bär, steht für Zögerlichkeit und Abschwung. Seltsam.

Oder doch passend? Deutung und Bedeutung leiten sich

womöglich von seiner Winterschlafkapazität (»sich auf die Bärenhaut legen«) ab.

Wenn es allerdings um Heraldik geht, ist der Bär wie ausgewechselt und steht eindeutig für Präsenz und Kraft. Bärenstark eben. Und gut vorzeigbar außerdem. In Russland wurde er zum nationalen Wappentier. Die Städte Bern, St. Gallen, Berlin und andere hoben ihn aufs Wappenschild. Die Berlinale vergibt den »Goldenen Bären« für bärenstarke Filmproduktionen. Und lange bevor Menschen filmen, fotografieren, schreiben und beschreiben konnten, bannten sie Bären farbig auf Höhlenwände, in der Absicht, sich der Stärke zu versichern, die den überragenden Gestalten innewohnt.

In den mündlich überlieferten Bilderwelten Nordamerikas ist der Bär eindeutig Totemtier der Stärke. Verschiedene indigene Völker Nordamerikas erhoben den Grizzly zum Gott, den man nur nach Ableistung umfangreicher Entschuldigungsrituale töten durfte. Und neben Adlerfedern und Büffelhorn waren Bärenkörperteile wie Krallen, Zähne und Fell allesamt leitfähige Stoffe für die Kraftübertragung aus der geistigen in die materielle Welt. Bär macht bärenstark.

Stärke ist nicht alles. Der weit über Bayern hinaus berühmte »Problembär« Bruno stand auf Kriegspranke mit den Eigentumsparagraphen des 21. Jahrhunderts; er wurde im Sommer 2006 am Spitzingsee erlegt. Seine Vergangenheit, in der er Umgang mit Menschen hatte, holte ihn ein. Er war nicht hinlänglich menschenscheu, und schlimmer noch, er war das, was Wildbiologen »futterkonditioniert« nennen; seine Erfahrung sagte ihm, dass die Nähe zu Menschen gut satt macht. Was zur Folge hatte, dass er nicht den gebotenen

Abstand zu Zweibeinern und deren Installationen hielt, zu Viehställen und Bienenstöcken zum Beispiel. Aber auch zu Bergwanderern.

Anfang 2020 soll ein sehr dezenter Nachfolger von Bruno bei Garmisch-Partenkirchen eine Deutschland-Stippvisite gemacht haben, bevor er sich wieder Richtung Österreich verzog. Er wird gewusst haben, warum.

Braunbären sind, was ihren Speiseplan anbelangt, überwiegend Vegetarier, und unsere meist säuberlich durchgeforsteten Wälder bieten ihm wenig an Beeren, Wurzeln, Eicheln und saftigem Unterwuchs. Fleischiges bevorzugen sie nach Ende des Winterschlafes, wenn sie abgemagert und ausgezehrt wieder schnell was auf die Rippe bekommen müssen. Nicht unbedingt Frischfleisch, es darf auch Kadaver sein. Und hier nützt ihnen die phänomenale Nase; Aas können sie über mehrere Kilometer riechen. Ein Vorteil, der in puncto Energiesparen zu Buche schlägt: Wer Fleisch – beispielsweise ein totes Reh, das den Winter nicht überstanden hat – auf große Distanz mit der Nase orten kann, erspart sich lange, kräftezehrende Suchwanderungen durch die Wälder.

Braunbären sagt man nach – so ganz genau lässt sich das wohl nicht messen –, dass sie siebenmal besser riechen können als die Supernasen unter den Hunden und um die 100 Mal besser als Menschen. Das erklärt oder macht zumindest nachvollziehbar, dass Bären durch dichte Waldriegel hindurch Dinge erschnuppern können.

Und dicht sollten Bärenwälder schon sein. Unsere mitteleuropäischen Forste sind das nicht wirklich, überall schneiden Wegenetze ins Grün, auf denen Menschen unterwegs sind. Auch die Nacht gehört nicht mehr Bär und Co., seit es Mountainbikes gibt, die es ihren Reitern erlauben, bis an den Rand der Dunkelheit durch die Wälder zu flitzen.

Wäre ich Bärenführer, ich würde den Einwanderwilligen abraten. Und den Bärinnen sowieso. Sie brauchen unauffindbare Kinderstuben und unzugängliche Spielplätze für ihren Nachwuchs.

Braunbären zählen zwar nicht – wie Luchs und Wolf – zu den Hassgestalten einer bestimmten Fraktion deutscher Waidwerker; sie sind keine Beutekonkurrenten. Die Rehe, die ein Braunbär im Laufe seines Lebens lebend erwischt, lassen sich an zwei Händen abzählen. Bären würden daher wohl kaum, so wie Wolf und Luchs, illegal und heimlich abgeschossen.

Vielleicht muss man das »kaum« – nicht in Gänze, aber doch ein Stück weit – in Zweifel ziehen. So ein Bär ist per se und kraft seiner überragenden Körperlichkeit eine Trophäe. Horst Stern schildert in seiner »Jagdnovelle« (1989) einen feinsinnig intellektuellen Jäger, der sich vor den deutschen Knochenolympiaden ekelt, den Trophäenschauen mit geweihbesetzten Schädelplatten, aber dennoch der Verlockung erliegt, als man ihm einen starken Bären zum Abschuss anbietet. Wären Bären vor uns sicher? Zweifelhaft.

Was allerdings doch – ein wenig – für *Ursus arctos* als Comeback-Kandidaten spricht, ist seine Fähigkeit, sich trotz seiner Fülle dünne machen zu können. Weg zu sein, als wäre er sein eigener Geist. Meist sieht man von ihm nur Spuren, selten auch mal unerwünschte.

Der Schaden, den residente Bären anrichten, ist überschaubar, hört man aus Österreich, wo sich seit Jahren einige Bären aufhalten. Hier mal ein geplünderter Bienenstand, dort eine abgeerntete Johannisbeerkultur, kaum mehr. Bären vermeiden die Nähe zu Menschen, wo immer und wie immer ihnen das möglich ist. Und zur Seite stehen ihnen in der Steiermark und in Kärnten – was die Austria-Bären natürlich nicht wissen – sogenannte Bärenanwälte, Naturschutzbeauftragte mit dem Spezialgebiet Bär.

Unbeschadet seiner hypothetischen oder realen Gefährlichkeit oder Schädlichkeit flammt mit schöner Regelmäßigkeit die Asylfrage auf: ob oder wie Zuwanderung nach Deutschland gelingen könnte. Es sind Fragen, die seit Brunos Tod immer wieder gestellt werden. Bayerns Alpen-Nordrand, der Bayerische Wald, eventuell Schwarzwald und Pfälzer Wald werden genannt, wenn über Rückkehrräume für Braunbären spekuliert wird. Alle Ortsnennungen mit mehr oder minder dicken Fragezeichen. Denn überall – oder fast überall – sind unsere Wälder von Wegen kariert, auf denen wir unterwegs sind, sei es auf Wanderschuhen oder Rädern. Das mag *Ursus arctos* nicht. Ich glaube, wir sollten nicht versuchen, ihn umzustimmen.

Es muss daran liegen, dass Biber etwas Bäriges haben, etwas Kleinbäriges, dass sie in die vorderen Ränge meiner Lieblingstiere aufrücken konnten. Meine ersten lebenden Biber waren Sumpfbiber.

Es war in den Fünfzigern. Die kalten Nachkriegswinter steckten den Menschen noch in den Knochen, und der Inbegriff des Wärmenden war traditionell der Biberpelz. Im Nachbardorf Dierckshausen gab es eine sogenannte Biberfarm, zu der mich ein Schulausflug führte. Wir besichtigten die Tiere, die in einer bewässerten Kunstlandschaft ihr Dasein fristeten, in Erwartung des Tages, an dem ihnen ihr viel gerühmtes Fell über die Ohren gezogen würde.

Ich fand die Vorstellung unerträglich, dass so wunderbare Tiere alle Todeskandidaten sein sollten und beschloss, sie zu befreien. Aber als ich, damals neunjährig, nachts mit Drahtschere und angstfeuchten Händen anrückte, bellte mich ein Schäferhund an, der klarstellte, was zu tun er bereit wäre, wenn sich jemand seinen Bibern nähern würde. Ich schlich zurück und war verzweifelt.

Was ich heute weiß: Die Dierkshäuser Biber waren Sumpfbiber, Nutria. Das heißt, keine Biber nach biologischer Taxonomie, sondern Familienmitglieder der Echimyidae, zu Deutsch: Stachelratten. Hätte ich das damals gewusst, vermutlich hätte ich sie trotzdem retten wollen.

Biber waren schon einmal in Europa verbreitet, davon zeugen noch die Namen etlicher an Flüssen oder Bächen gelegenen Ortschaften: Biberich, Biberach, Biberbach, Bebra. Und sie tauchten in diversen Volksmärchen und Redensarten auf. Rätselhaft, was die Ableitung anbelangt, ist eine polnische Redewendung: Weinen wie ein Biber. Möglich, dass diese Zuschreibung von einer verschollenen Fabel übrig geblieben ist.

Verschollen waren Biber in Deutschland etwa seit Ende des 19. Jahrhunderts, von inselartigen Restvorkommen in Elbenebenflüssen abgesehen. Ihr perfekt dichtes Fell war ihnen zum Verhängnis geworden. Gefleckte Katzen und Fuchs mögen kleidsamer sein, aber was den isolierenden Engstand der Haare anbelangt, war und ist Biber eine Klasse für sich. Beliebt waren in der Alten wie in der Neuen Welt vor allem Biberfellmützen. Außerdem gab es gezielte Jagd auf *Castor fiber* wegen eines Sekrets, das er absondert: das sogenannte Bibergeil, das gegen so ziemlich alle im 19. Jahrhundert bekannten Übel und Krankheiten helfen sollte. Biber wurden – so seltsam das auch klingen mag – als Medikamente gehandelt und vorher abgeschossen, in Bügelfallen erschlagen, ertränkt.

Die begehrte Substanz – ihr weniger anrüchiger Name ist *Castoreum* – ist von harziger Beschaffenheit, fett- und hormonhaltig. Das Sekret dient Bibern dazu, ihr Revier zu markieren, aber auch der individuellen Fellpflege. Angesichts ihres Nutzwertes – Spitzenklassefell und Allheilmittel – nimmt es wunder, dass Biber nur fast und nicht vollständig ausgerottet wurden.

Und überraschend ist auch ihr geglücktes Comeback. Biber wurden nach dem Zweiten Weltkrieg an mehreren Orten Deutschlands ausgesetzt. Heute soll es mehr als 30 000 Exemplare zwischen Alpen und Nordsee geben, Biber, denen es in aller Regel gut geht hierzulande.

Gut auf Kosten anderer? Biber machen sich durchaus über Feldfrüchte her, der eigentliche Schaden aber entsteht da, wo sie Nutzhölzer und Obstbäume fällen, Dämme unterminieren und hektarweise Landstriche unter Wasser setzen.

Sie haben aber auch mindestens einen Arbeitsplatz geschaffen, den des Biberberaters, der Schäden taxiert und von Fall zu Fall entscheidet, was mit dem Täter geschehen soll. Tötung ist übrigens – fast – ausgeschlossen.

In Bayern, wo die meisten freilebenden Biber unterwegs sind, dürfen sie, wenn sie denn in »sicherheitsrelevanten Bereichen schadensauffällig werden«, auch ausnahmsweise getötet werden, wobei man aber in der Praxis fast immer mit »Entnahme«, also dem Einfangen und Umsetzen, reagiert. Durch die – im Übrigen verbotene – Zerstörung seiner Bauwerke lässt sich *Castor fiber* in aller Regel nicht beeindrucken, geschweige denn vertreiben; er beginnt meist schon in der ersten Nacht nach der Zerstörung mit der Reparatur oder notfalls mit dem Neuaufbau.

Die deutschen Biber haben eine Lobby. An der Elbe und in Hessen haben sich Biberfreunde zusammengeschlossen und ein ehrenamtliches »Biberbetreuernetz« ins Leben berufen. Ihre Beobachtungen und Kartierungen sollen helfen, dass der Burgherr – der ja zu den geschützten Säugetieren zählt – weiterhin gut auf dem Damm ist.

Von seinem Wohlbefinden profitieren viele: Die aquatischen Landschaften, die Biber mit ihrer Wasserbauarbeit schaffen, lassen artenreiche Lebensräume aufblühen, auch für Tiere und Pflanzen, die bedrohter sind als die Baumeister ihrer Biotope: Moorfrösche, Feuersalamander, Sonnentau, Bärlapp. Und Wind in den Gagelsträuchern.

Wind. Ich mag seinen Begleiter, das Blätterrauschen. Wie Meeresrauschen, das – wie ich bei meinem ersten Nordsee-Ferien in Büsum festgestellt hatte – dem Waldesrauschen ähnelt. Und spricht man nicht auch vom Blättermeer?

Lieber noch als an der See war ich im Wald. Immer schon. Ich notierte mit elf, wie viele Futterflüge Kolkrabeneltern unternahmen, und wenn ich rechtzeitig am Stativ war, gelang es mir, auch ihre Beute zu identifizieren. Viel Abgeschabtes von den Seitenstreifen der nahen Autobahn, einmal einen ganzen Kaninchenbalg. Unfassbar, wie das auf dem Luftweg antransportiert werden konnte!

Ich glaubte, Rabe von Rabin unterscheiden zu können. Der Rabe flog das Nest direkt an, die Rabin machte immer einen Zwischenstopp auf einem nackten, toten Buchenast über dem Nest.

Ich könnte diesen Ast noch heute, mehr als ein drei viertel Menschenleben später, exakt zeichnen, so oft hatte ich ihn im Fokus. Ein Ast wie eine Heugabel, in deren Kerbe kalkweiße Kleckse einen Lichtpunkt setzten, der auch noch im Dämmern gut zu erkennen war.

Die Raben faszinierten mich. Und ich hatte mir vorgenommen, sie so gut zu beschreiben, dass »Der kleine Tierfreund« – die legendäre Tierzeitschrift für nachkriegsgeborene Kinder – sie drucken würde. Mir war klar, dass es nicht genügen würde, den Raben ein paar außergewöhnliche Adjektive an die Flügel zu binden. Es konnte nur gelingen, wenn man aus guter, exakter Beobachtung heraus schreiben würde. Nur so und nicht anders. Wenn ich, so sagte ich mir, der legitime Nachfolger von Alfred Brehm werden will, und das wollte ich, werde ich sehr genau hinschauen müssen. Und mit den Kolkraben wollte ich einen furiosen Anfang machen, um dann später auszuschreiten: Gern zu Schneeleopard und Kodiakbär. Oder, keine schlechte Alternative: alles über Raben wissen, was man wissen kann, sozusagen Rabologe werden.

Der Kolkrabe galt in den Sechzigern des vergangenen Jahrhunderts als so gut wie ausgestorben. Und als der pensionierte Volksschullehrer Richard Backhaus – wir waren uns mehrfach im Wald begegnet, daher wusste er von meiner Tiervernarrtheit – eines Tages anbot, mir Kolkraben beim »Tanzflug« zu zeigen, war das so, als wenn mir eine Begegnung mit Flugsauriern oder einem Säbelzahntiger in Aussicht gestellt worden wäre.

Ich kann den Zeitpunkt meiner Initiation annähernd genau bestimmen. Februar 1960. Backhaus führte mich zum Ahrberg, der höchsten Erhebung im Garlstorfer Wald. Und wie auf Verabredung spektakelten zwei Kolkraben in den unglaublichsten Pirouetten und Überschlägen, in knapp abgefangenen Abstürzen und pfeilschnellen Aufwärtsschüssen durch den Luftraum über uns. »Balz« ist ein sehr sprödes Wort für das, was sich da ereignete.

Zwei Totgesagte tanzten den lebendigsten Tanz, den ich je gesehen hatte, feierten das Leben und die Liebe, rollten um ihre Längsachse, wirbelten mit wilder Kraft über die kahlen Buchenkronen und schossen aufwärts. Zwei Schwerelose tanzten den Vertikalo.

Ich glaubte damals, die Letzten ihrer Art gesehen zu haben. Aber sie kehrten zurück, nahmen wieder ihre alten Reviere in Besitz, ließen ihren Eintrag im amtlichen Sterberegister, der Roten Liste der bedrohten Arten, löschen und tanzen seither wieder im Februar zwischen List auf Sylt und Berchtesgaden, zwischen Oder und Rhein. Und weit darüber hinaus.

Sie waren schon mal ganz oben. Soweit oben wie es weiter nicht geht. Die beiden weisen Raben Hugin und Muni hockten auf Odins Schultern oder wahlweise beidseits seines Thrones. Mit dem ersten Tageslicht flogen sie in die Welt hinaus, machten scharfäugig Beobachtungen und kehrten zum frühstückenden Obergott zurück, um Rapport zu geben – direkt in Odins Ohr. Raben als Helfertiere, als Einflüsterer des Höchsten, gefiederte Geheimräte.

Seit altersher sind wir mit Raben kulturell verbandelt, wobei Otto Normalnaturverbraucher keinen Unterschied zwischen Raben und Krähen machen. Erstaunlich viele Orts- und Flurnamen enthalten Hinweise auf Raben und Krähen: Ravensbrück, Krefeld, Warnow (altslawisch für Krähe). In Hanstedt, dem Nordheidedorf meiner Kindheit, gab es einen *Kreinbaach*, einen Krähenberg.

Weltberühmt sind die Raben, die – nicht ganz freiwillig, man hat ihnen je einen Flügel gestutzt – im Tower of London hocken. Solange sie gut drauf sind, soll es der Legende nach dem Empire gut gehen; das mag auch der Grund sein, weshalb sie 2006 bei Ausbruch der Vogelgrippe ins Schlossinnere umziehen mussten.

Raben fliegen in alle Kunstgattungen ein und aus. Eines der längsten und bedeutendsten Gedichte der US-Literaturgeschichte – »The Raven« von Edgar Allan Poe – stilisiert den schwarzen Vogel zum Menetekel: Er symbolisiert »die quälende, nicht enden wollende Erinnerung an die verlorene Geliebte«, wie Poe selbst anmerkte, vermutlich nachdem er zu viele hochtönende Interpretationen seines lyrischen Hauptwerkes gelesen hatte.

Von den vielen Versuchen, das Langgedicht ins Deutsche

zu übertragen, gilt die von Carl Theodor Eben (1836–1909) als diejenige, die in Ton und Versmaß dem Original am nächsten kommt. Die berühmte erste Strophe, die die Ankunft des schwarzen Bedeutungsträgers schildert, klingt so:

Mitternacht umgab mich schaurig, als ich einsam,
trüb und traurig,
Sinnend saß und las von mancher längst verklung'nen
Mähr' und Lehr' –
Als ich schon mit matten Blicken im Begriff,
in Schlaf zu nicken,
Hörte plötzlich ich ein Ticken an die Zimmerthüre her;
»Ein Besuch wohl noch,« so dacht' ich, »den der Zufall
führet her –
Ein Besuch und sonst nichts mehr.«

In einem weltweit bekannten Kunstlied der Romantik, in Franz Schuberts *Winterreise* (Text von Wilhelm Müller, 1827), markieren Raben das Gegenteil und das Gegenbild von ersehnter frühsommerlicher Wärme: dunkle Winterkälte, Gemütsverfinsterung.

Ich träumte von bunten Blumen,
So wie sie wohl blühen im Mai;
Ich träumte von grünen Wiesen,
Von lustigem Vogelgeschrei.
Und als die Hähne krähten,
Da ward mein Auge wach;
Da war es kalt und finster,
Es schrien die Raben vom Dach.

Seit altersher bindet man den Raben eine sprichwörtlich gewordene Verleumdung an die imposanten Schwanzfedern – Stichwort: »Rabeneltern«. Die Verleumdung geht vermutlich auf den frühen Naturkundler Konrad von Megenberg (1309–1374) zurück, der, ins Hochdeutsche übertragen, behauptete: »Die Raben werfen etliche ihrer Kinder aus dem Nest, wenn sie die Arbeit verdrießt, tagsüber genug Speis' heranbringen zu müssen«.

In den allermeisten sprichwörtlich gewordenen Sentenzen und Redensarten kommt der Rabe schlecht weg, wobei oft allein schon seine Schwärze die Folie abgibt, in die eine Behauptung gewickelt wird: »Es hilft kein Bad dem Raben; der Raben Bad und der Huren Beichte sind unnütz.«

Selten sind Anspielungen auf rabische Intelligenz, beziehungsweise Weitsicht und Weisheit: »Wie prophetischer Raben Silberklang / in höchster einsamer Luft / umklangen mich Töne der Zukunft«, jauchzte Ernst Moritz Arndt im Jahre 1805: Raben künden von besserer Zeit. Für den deutschen Freiheitsdichter Arndt war das die Zeit nach der napoleonischen Besetzung, was sich – in puncto Freiheit, wie man weiß – dann doch nicht erfüllte.

Weit öfter als Künder besserer Zeiten waren Raben und Krähen die Wappenvögel des Unheils: Die Schwarzröcke galten über die Jahrhunderte hinweg als Toten- und Galgenvögel. Wenn der Tod auf den Schlachtfeldern des Mittelalters und des Dreißigjährigen Krieges Ernte gehalten hatte, hielten Krähen und Raben oft Nachlese. Und auch um die Augen Gehenkter, die man aus erzieherischen Gründen etwas hängen ließ, sollen sich Raben gekümmert haben.

In meiner Kinder- und Jugendzeit, den ersten beiden Nachkriegsjahrzehnten, war es noch Usus und keineswegs verwerflich, Krähennester »auszuschießen«. Ein Jäger, der kraft seiner Waidmännlichkeit entscheidet, was ein gutes und was ein böses Tier ist, stellt sich unter einen Baum mit Krähennest und schießt eine Ladung Schrot durch das grobe Astgeflecht, auf dass Eigelb oder Nestlingsfetzen zu Boden kleckern. Krähen – nicht nur Saatkrähen, die ihr Raubdelikt schon im Namen führen – galten als Schädlinge, als Singvogel-Nesträuber und überhaupt als Unglücksvögel. Zudem waren sie schwarz. Interessant wäre zu wissen, ob Krähen, hätten sie das Prachtgefieder von Pirol oder Bienenfresser, auch den Vernichtungseifer bestimmter Jäger auf sich gezogen hätten.

Ich erinnere mich, dass ein Krähenschütze, dem ich vorsichtig ins Gewissen reden wollte, beteuerte, er helfe der Natur; Krähen räuberten nämlich Kiebitzeier, also den Nachwuchs der damals schon seltener werdenden Wiesenbrüter. Und ich gebe zu, dass mich das überzeugte, sah man doch Krähen all überall und Kiebitze nur noch dann und wann. Stutzig wurde ich erst, als ich mitbekam, dass die Jäger meiner frühen Jahre allgemein von »Raubzeug« sprachen: Also von Rabenvögeln plus Habicht, Sperber, Bussarde, Milane, Weihen, Falken.

Als Raubzeug galten insbesondere alle Tierarten, die beim Beutemachen an »Friedwild« geraten, besonders aber an des Jägers Lieblinge: Rehe, Hasen, Rebhühner, Fasane. Neben Füchsen und Mardern wurden auch wildernde Hunde und Katzen unter »Raubzeug« subsummiert.

Die Jägerschaft hat insgesamt Abstand genommen von einer Klassifizierung, die Beutemacher zu »Raubzeug« stempelt – einer Schmähkritik, die sich sehr nach dem Wortschatz von Hermann Görings Leibjägermeister, dem Kriegsverbrecher Walter Frevert, anhört. Aber im »Deutschen Jagdlexikon« von 1998 heißt es immer noch wacker und prinzipienfest, an der Sache selbst habe sich nichts geändert: Schutz des Wildes böte noch immer den gesetzlich geforderten Grund für den Abschuss von Schädlingen, namentlich Waschbär, Marderhund und Rabenvögel.

Auch für Rabenvögel? Ornithologen haben in umfangreicher Feldforschung untersucht und dokumentiert, was geschehen kann, wenn auf Rabenkrähen geschossen wird. Wird ein residentes Brutpaar abgeschossen, wandern nichtbrütende Artgenossen ein, sodass sich der Druck auf Singvogelbrut und Kleinsäuger noch erhöht. Werden Singles abgeschossen, verbessert sich das Nahrungsangebot für residente Paare und damit auch deren Bruterfolg. Wie man es auch dreht und wendet: Feuer frei auf Krähen ist sinnlos, dumm und im Zweifelsfall kontraproduktiv.

Die EU-Vogelschutzrichtlinie von 1979 stellt alle europäischen Vogelarten unter Schutz. Mithin auch Rabenvögel (Krähen, Elstern, Häher, Dohlen, Raben), so sollte man jedenfalls meinen. Aber es gibt da noch den Anhang *II B*, der unter bestimmten Umständen Abschüsse erlaubt. Wir haben es mit einem typischen Nein-aber-Gesetz zu tun, von denen es im Umwelt- und Naturschutzrecht einige gibt. So darf zwar nicht während der Brutzeit gejagt werden. Und »nicht selektive« Fang- oder Jagdmethoden wie zum Beispiel

Vergiften oder Massenabschuss sind verboten. Aber im Übrigen klären die Bundesländer jeweils für sich, wann und unter welchen Bedingungen der Schuss auf Corviden rechtens ist. Man sollte sich zum Beispiel als Elster genau überlegen, ob man nach dem 1. August von Hameln nach Lemgo fliegt und dabei eine Bundeslandgrenze überquert. In NRW sind Elstern per gesetzlicher Verordnung jagdbare Arten. In Niedersachsen sind sie nicht einschlägig gelistet.

Die Neufassung der EU-Vogelschutzrichtlinie vom 30. November 2009 besagt, dass auf Rabenkrähen (Aaskrähen) »abhängig von ihrem Populations-Level und ihrer geographischen Verbreitungshäufigkeit« geschossen werden darf, sofern dem nicht andere Schutzbestimmungen entgegenstehen. Die Entscheidung, ob oder ob nicht und wenn wie, überlässt die EU den Mitgliedsländern. Und Mitgliedsland Deutschland überlässt es, wie gesagt, den Bundesländern.

Seit einigen Jahren schon liegen Forschungsergebnisse vor, die belegen, dass Singvogel-Eier und Nestlinge zwar zum Nahrungsspektrum von Rabenkrähen gehören, dass aber der prozentuale Anteil einschlägiger Nesträuberei am Gesamtnahrungsaufkommen bei *Corax corone* weit geringer ist, als es den Schwarzröcken über Jahrzehnte hinweg nachgeschmäht wurde.

Und wie steht es mit der »Massenvermehrung«? Man verglich mit wissenschaftlicher Akribie Gebiete, in denen Rabenvögel bejagt werden, mit solchen, in denen das nicht der Fall ist, und fand heraus: Rabenvögel nehmen auch ohne Bejagung nicht überhand, weil sie ihre Bestände durch Revierkämpfe, Brutplatz- und Nahrungskonkurrenz regeln.

Nun könnte man meinen, dass die komplizierte Gemengelage um Jagdbarkeit, ganzjährige Schonzeit, generelles Abschussverbot, Ausnahmeabschussgenehmigungen mit Auflagen etc. den Kolkraben nicht betrifft, da die größte europäische Singvogelart länger schon ganzjährig geschützt ist. Aber Schutz und Schuss funktionieren auch über Bande: Kolkraben profitieren davon, dass die Jagd auf Rabenkrähen alles in allem und bundesweit betrachtet seltener stattfindet als in vergangenen Jahrzehnten. Eine nicht zu ermittelnde – aber sicherlich keine kleine – Zahl an Kolkraben wurde über die Jahre hinweg als Rabenkrähen abgeschossen.

In dem Maße, in dem Rabenkrähen ganz, zeitweise oder teilweise unbehelligt blieben, kamen auch die Raben wieder auf die Schwingen. Mittlerweile soll es weltweit wieder über 16 Millionen Individuen geben (Zahlen der IUCN von 2003).

In Deutschland ist der markante Vogel mit dem keilförmigen Stoß nicht flächendeckend, aber wieder in allen Flächenbundesländern vertreten. Mancherorts wurde sein Comeback mit Auswilderungsprojekten unterstützt. *Corvus Corax* ist ein erfolgreicher Wiederkommer.

Na gut, sagt manch ein Naturfreund: Luchs, Wolf, Biber und den großen Raben können wird durchwinken, die waren ja schon mal da. Wie aber steht es mit Arten, die – geozoologisch gesehen – keine Europäer sind, wie Marderhund, Goldschakal und Waschbär, Arten, die heute aber durchaus zur mitteleuropäischen Fauna gehören?

Marderhunde – auch Enoks genannt – sind Tiere, die vermutlich schon der eine oder die andere gesehen hat, ohne es zu wissen: einfach deshalb, weil sie leicht für Waschbären gehalten werden, denen sie äußerlich ähneln, mit denen sie aber weder eng noch weitläufig verwandt sind. Marderhunde – insofern stimmt der Name – sind Caniden, also »Hündische«.

Ihre Ähnlichkeit mit den nordamerikanischen, maskierten Kleinbären, aber auch mit Mardern kommt durch *»konvergente Evolution«* zustande, das bedeutet: Nicht näher verwandte Tierarten können in ihrer stammesgeschichtlichen Entwicklung Gestalten annehmen, die einander ähneln, einfach deshalb, weil die Umweltbedingungen eine bestimmte Optimalgestalt einfordern.

Ein berühmtes Beispiel hierfür ist die Ähnlichkeit von Fischen und Walen – entwicklungsgeschichtlich sind sie weit voneinander entfernt, und doch haben beide eine Torpedoform entwickelt, die aquadynamisch günstig ist.

Erwachsene »Ostfüchse« – ein anderer, weniger gebräuchlicher Name – messen zwischen 52 und 68 Zentimeter in der Kopf-Rumpf-Länge, dazu kommen noch bis zu 25 Zentimeter Schwanzlänge. Die Gesamthöhe bemisst sich auf rund einen halben Meter, das Gewicht kann zwischen vier und zehn Kilogramm schwanken.

Die ursprüngliche Heimat des Marderhundes ist Ostsibirien, das nordöstliche China und Japan. Den weiten Weg nach Zentraleuropa hat er allerdings nicht auf eigenen Pfoten zurückgelegt. Um die Mitte des vergangenen Jahrhunderts wurden etliche tausend Enoks in der Ukraine ausgesetzt. Man versprach sich eine einträgliche Fellernte. Dass die Wildhunde diese Erwartung erfüllten, ist nicht verbürgt; bekannt ist, dass sie sich relativ rasch in westliche und nordwestliche Richtung ausbreiteten. Die ersten Enoks sichtete man 1951 in Finnland und 1955 in Polen, von wo aus sie, ähnlich wie die Wölfe, auch nach Deutschland einwanderten.

Heute soll es zwischen Alpen und Ostsee, Oder und Rhein in fast jedem Landkreis Marderhunde geben. Die Kernverbreitungsgebiete liegen in den neuen Bundesländern.

Wirklich zu Gesicht bekommt man die Tiere, die meist in der Dunkelheit unterwegs sind, nicht so leicht. Zu hören schon eher. Die Hunde bellen nicht. Was sie hervorbringen, ähnelt einer Tonmischung aus Miauen und Winseln.

Nyctereutes procyonoides, so der wissenschaftliche Name, beziehen für ihre Jungenaufzucht mit bis zu fünfzehn Welpen pro Wurf und als sicheren Rückzugsort gern leere Fuchs- oder Dachsbaue. Davon gibt es viele. Aber Marderhunde sind auch in anderer Hinsicht gut bedient, wenn es um die grundlegenden Dinge des Lebens geht. Sie sind topfit im Aufspüren von bodenbrütenden Vögeln. Schon deshalb nickt der Naturschutz dezent Beifall, wenn es ums Bejagen dieser »Allesfinder und Allesfresser« geht. Da aber dem Marderhund mit seiner geringen Körpergröße, agilen Bewegungen und seiner strikten Nachtaktivität mit Gewehren schlecht beizukommen ist, versuchen es Jäger vielerorts mit der guten alten Baujagd.

An dieser Stelle ein langes Zitat aus der sh:z (Schleswig-Holstein Zeitung), das die Gemütstemperatur in Jägerkreisen ganz gut ausmisst:

»›Jetzt haben diese Tiere den deutsch-dänischen Grenzraum erreicht. Wir beobachten die Entwicklung mit Sorge‹, kommentierte Hans-Wilhelm Schlüter, Kreisjägermeister im Kreis Schleswig-Flensburg, den Abschuss zweier Marderhunde in Sillerup. In den vergangenen Jahren seien allerdings schon vereinzelt Tiere im Raum Gelting zur Strecke gebracht worden und bei Meggerdorf sei ein Tier auch überfahren worden. Bis auf den Uhu, der in der Lage sei, ein Jungtier zu fangen, gebe es im hiesigen Raum keine natürlichen Feinde für Marderhunde – ebenso wenig wie für Waschbären, die ebenfalls in den hiesigen Raum vordrängen.

Es war eine routinemäßige ›Jagdliche Baukontrolle‹, die Udo Thomsen, Peter Johannsen und Georg Harms vom Jagdbezirk Sillerup durchführten. Zu solch einer Baukontrolle holen sie den Jagdkollegen Michael Hoffmann aus Lüngerau hinzu, denn nur er hat die dafür abgerichteten Jagdhunde, zwei Deutsche Jagdterrier, die er selbst ausgebildet hat. In der so genannten ›Kindscher Heide‹, nahe den alten Bundeswehr-Bunkern in Süderland, gibt es mehrere Naturbauten. Vor einem dieser Bunker nahm der Jagdterrier ›Lex‹ Witterung auf und Michael Hoffmann schickte ihn in den Bau, da er einen Fuchs vermutete. Die Rückkehr des Hundes dauerte den Jägern zu lange und das Gebell wurde immer leiser. Sie spürten den Hund mit einem Bau-Ortungsgerät auf und gruben ihn aus. Da staunten die vier Männer nicht schlecht. Lex lag vor einem Marderhund. Mit einem Fanggerät hinderten die Jäger das Tier an der Flucht und erlegten es. Jagdterrier Lex ließ sich aber immer noch nicht beruhigen und spürte einen zweiten Marderhund in einem Nebengang auf. Auch dieser wurde von den Jägern zur Strecke gebracht«, soweit die Live-Reportage aus dem dänisch/deutschen Grenzgebiet. Der Artikel schließt mit einer Verwünschung: »Und nun kommt auch noch dieser Räuber, der durch sein langsameres Jagen und seinen guten Spürsinn alles, was da kreucht und fleucht, erwischt« (Michael Hoffmann).

Ein anderer Zuwanderer macht bisher noch kaum Schlagzeilen: der Goldschakal.

Seine Lieblingserscheinungsform ist die Unsichtbarkeit. Er ist, auf den ersten Blick und sofern man es beim ersten belässt, Wolf. In Wirklichkeit aber, der Name ist korrekt, ist er Schakal, der einzige seiner Art in Europa.

Goldschakale wurden, anders als Marderhunde, nicht von Menschen verfrachtet oder angesiedelt; sie sind aus ihrer Stammheimat Indien, Mittlerer und Naher Osten über den Balkan nach Zentraleuropa eingewandert und verbreiten sich seither aus Kerngebieten, sogenannten Hotspots, in denen sie gut Fuß gefasst haben.

Erwachsene Tiere können von der Nasen- bis zur Schwanzspitze 130 Zentimeter lang werden, bei einem halben Meter Schulterhöhe. Das Fell ist meist goldgelb, Tiere, die in bergigen Landschaften leben, sind eher gräulich gefärbt. Der Bestand in Europa wird von der Large Carnivore Initiative for Europe (LCIE) auf 97 000 bis 117 000 Tiere geschätzt.

Die Jagdtechnik von Goldschakalen erinnert an die des heimischen Rotfuchses. Kleinbeute wird erst einmal erlauscht, dann aus dem Stand in der Mäuselsprungtechnik angesprungen, mit den Vorderpfoten fixiert, mit den Zähnen gepackt und totgeschüttelt.

Größere Beute wird gehetzt und niedergerissen. Gern

macht sich der Newcomer über Aas her, und vermutlich ist das auch ein Grund für seinen Ausbreitungserfolg in unseren Breiten. Etwas Fleisch liegt fast überall herum. Die vielseitigen Jäger werden allerdings, wenn es schlecht für sie läuft, auch zu Gejagten, zur Beute von Luchs und Wolf. Das scheinen sie zu wissen: Experten, die sich mit großen Beutemachern beschäftigen, berichten, dass Goldschakale Landschaften meiden oder verlassen, in denen Wölfe unterwegs sind.

Den Wölfen sind sie in einer bestimmten Disziplin überlegen: Revierkämpfe tragen sie nicht wie *Canis lupus* blutig aus, sondern mit Drohgebärden. Sie müssen also nicht wie Wölfe Blutzoll vom eigenen Konto abbuchen.

Vor zweibeinigen Jägern ist der Schakal nicht wirklich sicher. In der Flora-Fauna-Habitat-Richtlinie (FFH), die in allen EU-Staaten gilt, zählt er zu den »Arten von gemeinschaftlichem Interesse«. Das heißt im Klartext, es darf auf ihn geschossen werden, wenn es einen günstigen »Erhaltungszustand« gibt, also sobald der Bestand stabil ist.

Ein Schakal sieht aus wie ein Raubtier, was für seine Positionierung in der Öffentlichkeit und in den Lobbyrooms von Tierschützern und Tiernützern kein Vorteil ist. Besser sieht es da für den Waschbären aus. Seine fotogene Erscheinung mit der feschen Maske und den gelenkigen Greifhänden machen ihn liebenswert. Außerdem macht er sich – anders als Fuchs, Marderhund und Goldschakal – nichts aus Märzhasen und Rehkitzen. Wenn Fleisch, dann sind es für den Jäger und Sammler eher Insekten, Mäuse, Amphibien aller Art und auch gelegentlich Nestlinge. Ansonsten isst er die ganze Palette von Beeren, Früchten, Nüssen, Samen und Körnern.

Der US-Waschbär-Experte Zeweloff nannte den Kleinbären »eines der omnivorsten (allesfresserischsten) Tiere der Welt«, wobei sie ein Faible für all das haben, was sich unter Steinen in seichten Uferbereichen ertasten lässt.

Waschen Waschbären eigentlich? Was bei in Gefangenschaft gehaltenen Tieren wie Waschen aussieht, deuten Verhaltensforscher als »Leerlaufhandlung«. Ihre Veranlagung, mit den differenzierten Fingerhänden an Seeufern, Bach- und Flussgründen versteckte Kleintiere aufzudecken, läuft auch dann ab, wenn sie Futter serviert bekommen, nur eben leer.

Die Sohlengänger können sich aufrecht stellen, um dann mit den «Händen« besonders effizient fingern zu können. Mehr als zwei Drittel des Hirnareals, das fürs Aufnehmen und Verarbeiten von Sinneseindrücken zuständig ist, belegen Waschbären fürs Dechiffrieren von Tasteindrücken. Das ist Weltrekord im Tierreich. Diese taktile Sonderbegabung ist sicherlich Teil ihres Erfolgsgeheimnisses.

Waschbären kamen Mitte der Zwanziger des vergangenen Jahrhunderts nach Europa, wo sie sich selbstständig machten und vorzugsweise Laubwälder mit Bachläufen, Seeufern und Flüssen für sich eroberten. Die deutschen Vertreter gehen wahrscheinlich auf zwei Gründerpaare zurück, die im April 1934 am Edersee in Hessen von Forstmeister Wilhelm Freiherr Sittig von Berlepsch ausgesetzt wurden. Ihm ging es erklärtermaßen nicht darum, einen neuen Fellieferanten ins Land zu holen, Berlepsch wollte die Jagdstrecke anreichern. Was gelang. Wobei die nachtaktiven Kleinbären dank ihrer Intelligenz und ihres flexiblen Raum-Zeit-Verhaltens keine leichte Jagdbeute sind. Die Reviergrößen von *Procyon lotor* schwanken ganz erheblich je nach Nahrungsangebot. Es gibt urbane Waschbären, die sich auf winzigen Arealen durchfüttern lassen – Lieblingsspeise Apfel.

Aus ihrer nordamerikanischen Heimat sind Reviergrößen von annähernd 50 Quadratkilometern verbürgt, ein Großrevier für einen, der zwar gut, aber nicht sehr gut zu Fuß ist.

Während *Racoons*, so ihr englischer Name, abgeleitet von einem Wort aus der Sprache der Algonkin: ahran-loon-de – »Der mit den Händen reibt«, kaum schneller unterwegs sind als ein Mensch in mittlerer Jogginggeschwindigkeit, ist ihre Durchschnittsgeschwindigkeit zu Wasser mit 4,8 Stundenkilometern schon recht zügig für ein Landtier.

Waschbären gelten als intelligent, können Flaschen aufschrauben und anspruchsvolle Verriegelungen knacken, merken sich und meiden unfreundliche Gegenden, etwa solche mit vielen freilaufenden Hunden. Die überwiegend nachtaktiven Kleinbären werden in Freiheit bis zu zehn Jahre alt, wobei eine häufige, wenn auch keine natürliche Todesursache der Straßenverkehr ist. Ihre gemächlichen nächtlichen Patrouillen, gern auch an Straßenrändern auf der Suche nach erschlagenem und überfahrenem Kleingetier, sind ein Grund für das Frühableben vieler Waschbären.

In früheren Bemerkungen wird der Waschbär als einzelgängerisch dargestellt, was nicht wirklich stimmt. So weiß man heute, dank der Feldforschung von Ulf Homann im südniedersächsischen Solling, dass sich verwandte Bärinnen gern mal das Revier teilen; Rüden dürfen zur Paarung einrücken, sofern sie mit den Revierfrauen nicht verwandt sind. Das Feminat hat sich bewährt.

Nachwort

Wir müssen, ehe es gut gehen kann mit uns, also mit Mensch und Wildtier, ein paar Bilder auswechseln. Vielleicht ist es kein schlechter Angang, dabei mit einem sehr wirkmächtigen Bild anzufangen: der Wolf als Rotkäppchen-Fresser.

Als sich Rotkäppchen dem Wolf angeschlossen hatte, nachdem der glaubhaft versichert hatte, er wisse, wo die Großmutter wohne, gingen beide Seite an Seite durch einen wunderbaren Zauberwald mit reichlich Unterwuchs. Der Wolf musste sich konzentrieren, seine allerlangsamste Gangart war fast noch zu schnell für ein kleines Mädchen. Er bot sich an, ihr den Geschenkkorb mit Wein und Kuchen abzunehmen. Sie nahm dankend an. Und er trug ihn ohne viel Geschlenker, was gut war, denn ein stark geschüttelter Portwein schmeckt wie abgekochte Gummibärchen.

»Alles mein Werk«, sagte der Wolf, nachdem sie schon eine kleine Weile unterwegs waren. Und als Rotkäppchen nicht verstand, fügte er erklärend hinzu: »Ich halte die Rehe kurz. Deshalb kann viel Naturverjüngung aufwachsen. Es wäre hier nicht so artenreich und gesund ohne mich.«

Rotkäppchen nickte und lächelte. Es war gut, einen so nützlichen und starken Begleiter zu haben. Doch dann sagte es: »Aber stimmt es denn auch, dass du Rehkitze …« Rotkäppchen verschluckte das Ende des Satzes, es mochte nicht aussprechen, was ihm allzu grausig vorkam.

»Ja. Gelegentlich!«, sagte der Wolf. »Aber … ich hätte da auch eine Frage. Stimmt es, dass ihr jedes Jahr mehr Kälber tötet, als eine Buche im Juli Blätter hat, nur um Kuhmilch trinken und Käse essen zu können?«

Rotkäppchen blieb stehen, dachte scharf nach und tippte sich dann an die Stirn: »Stimmt«, sagte es, und nachdem es nochmals nachgedacht hatte, fügte es hinzu: »Aber wir essen die Kälbchen auch.«

»Eben«, sagte der Wolf. »Rehkitze esse ich, ohne die Milch der Ricke zu trinken.«

Rotkäppchen war verwirrt. Aber als es noch nachdachte, schnitt plötzlich eine Stimme in die relative Waldesruhe: »Halt. Zur Seite. Aus der Feuerlinie. Das ist ein Wolf!«

Ein Jäger hatte sich am Waldrand aufgebaut, seine zwei kurzgeleinten Hunde winselten. Die Büchse hatte er schon im Anschlag, eine Savage Arms 10 Predator Hunter mit Kirschenholzschaft und dem ziselierten Porträt von Hermann Löns auf der einen und einer barbusigen Diana auf der anderen Seite. Sonderanfertigung. Da stellte sich Rotkäppchen vor den Wolf und sagte: »Nur über meine Kinderleiche.«

»Zur Seite, sag ich!«, belferte der Jäger. Aber im selben Moment zogen beide Hunde, ein Münsterländer und eine Bracke, wie auf Kommando mit aller Kraft in eine Richtung, sodass der Jäger vorwärtsstolperte und sein Gewehr dabei in einem Weißdornbusch hängen blieb, und zwar dergestalt, dass ein Zweig den scharf gestellten Abzug auslöste, und …

… aber so genau wollen wir das gar nicht wissen.

Jedenfalls kam Rotkäppchen wohlbehalten bei der Großmutter an und bedankte sich mit einem anmutigen Knicks beim Wolf. Und wenn sie nicht gestorben sind, dann leben sie noch heute.

KOLKRABE
Corvus corax

Stehhöhe: 66 cm
Spannweite: 140 cm (mehr als Bussard)
Lebenserwartung in Freiheit: maximal 23 Jahre (in Gefangenschaft deutlich mehr)
Anzahl weltweit (2003): 16 Millionen

WOLF
Canis lupus

(Die Angaben beziehen sich auf die mitteleuropäischen Populationen; nach der Bergmannschen Regel sind Wölfe im Süden, etwa auf der Arabischen Halbinsel, schmächtiger, im Norden stärker.)
Größe: Kopf-Rumpf-Länge 100–160 cm; Schwanz: 33–55 cm
Schulterhöhe: 80 cm
Gewicht: 28–40 kg
Lebenserwartung in Freiheit: 16–17 Jahre
Anzahl in Dtl. (Stand 2018/19): 143 Wolfsterritorien – bevölkert von 105 Rudeln, 25 Paaren, 13 territorialen Einzelwölfen (steigende Tendenz)

LUCHS
Lynx lynx
(europäischer Luchs)

Größe: Kopf-Rumpf-Länge 70–120 cm
Schwanzlänge: 10–25 cm
Schulterhöhe: 36–70 cm
Lebenserwartung in Freiheit: meist nur rund 5 Jahre
Anzahl in Dtl. (Stand 2018): 135 wildlebende Exemplare (leicht steigende Tendenz)

BRAUNBÄR
Ursus arctos
(skandinavische und Balkan-Populationen)

Größe: Kopf-Rumpf-Länge: bis max. 280 cm
Schwanzlänge: 6–21 cm
Gewicht: 150–250 kg
Lebenserwartung in Freiheit: 20–30 Jahre
Anzahl in Dtl.: 0; seltene Stippvisiten im bayerischen Alpenraum

BIBER
Castor fiber
(zentraleuropäische und skandinavische Populationen)

Größe: Kopf-Rumpf-Länge 80–110 cm
Kelle (Schwanz): 35–45 cm
Gewicht: 18 kg
Lebenserwartung in Freiheit: 10–12 Jahre
Anzahl in Dtl.: mehr als 30 000

Noch eine Erzählung:
ÜBER DEN AUTOR UND SEINE TEXTE – VON IHM SELBST

Es macht sich ja zweifellos gut, wenn man seine Autorenvita so beginnen kann: »... aufgewachsen in Brooklyn, New York, erfuhr ich schon früh ...« Oder: »Meine bewegte Kindheit in der Wiener Vorstadt gab mir mit auf den Weg, dass ...« Bei mir war es am Anfang ein Nest, Hanstedt in der Nordheide. Ein Ort, den man googeln muss und den allenfalls Leute kennen, die eine Absprungstelle in den Naturpark Lüneburger Heide suchen. Hanstedt bietet dafür die notwendigen Parkplätze, eine durchweg gute Gastronomie und ein bemerkenswert großes, gut sortiertes Kaufhaus. In den Fünfzigern und Sechzigern war mein Dorf noch Dorf und nicht Sub-Center, mit etlichen architektonischen Scheußlichkeiten, die mich, auf Heimatbesuch, immer vor die Frage stellen: Ist das noch Ruinicance oder schon Barrack? Straßen waren Spielstraßen, und der Wald berührte den Dorfrand. Das geschnittene Korn wurde noch zu Diemen aufgestellt. Und an einem einzigen heißen Julitag 1960 sah man mehr Schmetterlinge als derzeit in einem ganzen Sommer.

Die Tiere der Hanstedter Berge, des Töps (einer Heidelandschaft), der Schmalen Aue sowie des Garlstorfer Waldes haben mir auf die Sprünge geholfen. Apropos Sprünge: Der Heidebach Schmale Aue war nicht schmal genug, um ihn als Zehnjähriger überspringen zu können. Das weiß ich, weil ich es mehrfach versucht habe. Ich habe mit sechs angefangen, »Tiererlebnisse« aufzuschreiben. Die gelungensten gab meine Mutter beim Kaffeeklatsch zum Besten. Meine erste Werkslesung. Als ich 17 war, vertonten die Hamburger City Preacher mein Wald-Schmachtgedicht (»Sie sterben wie Nebel im Sonnenlicht ...«) auf ihrer LP »Maikäfer flieg«. Größter Triumpf bis dato! Später schrieb ich ungleich engagiertere Texte, auch für die damals viel gehörte politische Rockband Schmetterlinge, aus der später Ostbahn Kurti hervorging.

Leseprägend für mich war in ganz frühen Jahren ein wenig Karl May, aber viel Kurt Knaak und Erich Kloss. Kennt die außer mir noch jemand? Beide waren in den Nachkriegsjahren erfolgreiche Autoren von Jugend-Tierbüchern wie »Troll, der Mordhirsch« oder »Frühling im Försterhaus«. Biologie habe ich nur deshalb nicht studiert, weil ich befürchten musste, dabei wieder mit Mathematik in Berührung zu kommen.

Während des Germanistikstudiums in Hamburg – viel bei dem Romantikexperten Heinz Hillmann – hielten mich Eichendorff, Lenau, Novalis, Tieck über Gebühr okkupiert, vor allem deshalb, weil sich dort zuhauf Annäherungen an die Natur finden, wie zum Beispiel der Wald, der in »Sternbalds Wanderungen« von Ludwig Tieck zur eigenständigen Gestalt wird. Aber herausragend war das nicht. Herausragend waren für mich in den Siebzigern Brokdorf 1 und 2 und Grohnde. Zwei Orte, an denen Abwehrkämpfe gegen die AKW-isierung der Bundesrepublik stattfanden. In der Zeit schrieb ich Gedichte der Art, wie sie Heinrich Heine, hundertvierzig Jahre zuvor, als »gereimte Leitartikel« bewitzelt hatte (»Gedichte unter Zeitdruck«, 1976). Später gelang mir, meine ich, deutlich bessere Lyrik: »Rilkes Herbst findet nicht statt« (1984).

Meine journalistische Konfirmation erhielt ich bei Horst Sterns (ab 1985 Manfred Bissingers) Umweltmagazin »natur«, wo ich von März 1981 bis Ende 1988 Redakteur war. Und weil sich außer mir in der Redaktion niemand fand, der oder die sich der Flut von Leserbriefen aus dem Bürgerinitiativ- und Naturschützer-Milieu stellen wollte, kam ich dem Lebensgefühl der aufgehenden Öko-Bewegung sehr nahe. Und von Horst Stern gab es mehr zu lernen, als man fassen konnte. Zum Beispiel dieses: »Tierliebe ohne Tierwissen kann übel ausgehen … für die Tiere.«

Etwa zu meiner Halbzeit bei »natur« (1985) ereignete sich

ein Ausrutscher in die Erfolgszone: Als erklärter Nichtleser von Science-Fiction erhielt ich für meinen Roman-Erstling »427 – im Land der grünen Inseln« den Deutschen Science-Fiction-Preis. Etwa um die gleiche Zeit – und das lag mir schon näher! – überraschte mich der Preis des Europarates für eine Reportage über die Alte Sorge, ein Naturschutz- und Reetschutz-Gebiet im nördlichen Schleswig-Holstein.

In den Neunzigern war ich sieben Jahre Bücher-Macher in Münchens Pro-futura-Verlag für den WWF – Coffee-Table-Books mit Öko-Anspruch, und alle nach dem Motto: die Schönheit der Natur für ihren Erhalt werben lassen. Viele Reportagen für »GEO«, »mare«, »SZ-Magazin«, »DIE ZEIT«… immer, wenn es was Grünes abzugrasen galt. Manchmal aber waren historische side steps möglich. Zwei Romane aus der Zeit der Wikinger – der letzte der beiden erschien 2000 (»Das Buch Glendalough«). Er kostete mich zeitweilig die Orientierung: nicht doch die Natur und ihre Wunder und Wunden links liegen lassen und sich künftig entspannt um Abgeschlossenes kümmern? Nein, zurück aufs Hauptgleis und das Nebengleis ab und zu befahren! Zum Beispiel: Der Roman »Anwalt der Hexen«, aus dem Leben von Friedrich Spee. Er bekam im »Stern« die Höchstwertung. Zuletzt erschien »Die Flucht des Großen Jägers« – ein Jagd- und Auswandererroman aus dem Jahre 1835 – im KJM Buchverlag.

Das biografisch orientierte Sachbuch »Tatort Wald« über die Misshandlung der deutschen Wälder zugunsten der Jagd, geschildert am Lebenslauf von Dr. Georg Meister, geriet zum Dauerbrenner und zum »Muss-Buch« kritischer Waldfreunde. Mit dem Fotografen Ingo Arndt entstanden Bild-Text-Bände, zum Beispiel »Logbuch Polarstern« und »Nomaden des Windes«, mit dem Fotografen-Ehepaar Koch »Makrokosmos Honigbiene«, mit den Wissenschaftsautorinnen Veronika Straaß und Monika Rössiger die Buchreihe »Mythos Vögel«, »Mythos Pferd«, »Mythos Meer« und

»Mythos Berge«. Das Buch zum Film »More than Honey« gab mir die Chance – davon träumen ja alle Journalisten, die immer nur (P)Artikel abliefern dürfen –, tief in ein Thema einzutauchen, in die Welt der Bienen.

Manchmal gab es Möglichkeiten, meine satirische Ader auszuleben: Texte für Lore Lorentz vom Düsseldorfer Kom(m)ödchen, für Hildebrandts »Scheibenwischer« und für Münchens Lach- und Schießgesellschaft. Oder ein Musik-Theaterstück »Rats« – eine Parabel, die unter Laborratten spielt, uraufgeführt in Münchens Feierwerk.

Ob ich Pläne habe, frage ich mich an dieser Stelle mal selbst. Ja. Mit meiner Tochter Anna Sarah und Enkelin Alma möchte ich ein Projekt »SOL« – Save our Lungs« – auf den Weg bringen: Wir wollen, mithilfe der Weltgemeinschaft, den Amazonas-Regenwald pachten, damit er nicht verschwunden ist, bevor er gerettet werden kann. Ich weiß, dafür reicht unser Sparstrumpfgeld nicht ganz. (Wir haben noch nicht mal die ersten zehn Milliarden Dollar parat.) Aber, so will es mir scheinen angesichts der aufziehenden Katastrophen: Was bleibt, ist, das Unmögliche zu versuchen. Die Möglichkeiten sind weitgehend vertan.

Und die eigenen Möglichkeiten? Vielleicht kommt es noch zu einem Roman über die napoleonische Kontinentalsperre – falls sich dafür ein Verlag findet. Sicher aber wird es ein Buch mit Veronika Straaß und Ingo Arndt über Schmetterlinge geben.

Der Meteorologe Edward N. Lorenz, der die Vernetzung der belebten Welt ins Sprachbild setzen wollte, sagte, der Flügelschlag eines Schmetterlings in Brasilien könne einen Wirbelsturm in Texas auslösen. Sturm …? *Winds of change* gefiele mir besser.

KJM Buchverlag

Mehr zu den Büchern des KJM Buchverlags:
www.kjm-buchverlag.de